机电一体化技术

嵇海旭　梁秀娟　主编

U0304270

吉林科学技术出版社

图书在版编目（CIP）数据

机电一体化技术 / 嵇海旭，梁秀娟主编 . -- 长春：
吉林科学技术出版社，2023.6
ISBN 978-7-5744-0644-5

Ⅰ . ①机… Ⅱ . ①嵇… ②梁… Ⅲ . ①机电一体化
Ⅳ . ① TH-39

中国国家版本馆 CIP 数据核字（2023）第 136522 号

机电一体化技术

主 编	嵇海旭 梁秀娟	
出 版 人	宛 霞	
责任编辑	李万良	
封面设计	树人教育	
制 版	树人教育	
幅面尺寸	185mm×260mm	
开 本	16	
字 数	320 千字	
印 张	14.5	
印 数	1-1500 册	
版 次	2023年6月第1版	
印 次	2024年2月第1次印刷	

出 版 吉林科学技术出版社
发 行 吉林科学技术出版社
地 址 长春市福祉大路5788号
邮 编 130118
发行部电话/传真 0431-81629529 81629530 81629531
81629532 81629533 81629534
储运部电话 0431-86059116
编辑部电话 0431-81629518
印 刷 三河市嵩川印刷有限公司

书 号 ISBN 978-7-5744-0644-5
定 价 90.00元

前　言

机电一体化是微电子技术向机械工业渗透过程中逐渐形成并发展起来的一门新兴的综合性技术学科，正日益得到普遍重视和广泛应用，已成为现代工业化生产和经济发展中不可或缺的一项高新技术。机电一体化技术系统理论的形成最早起源于20世纪60年代，经过几十年的发展，已经由早期的机械产品与电子技术的简单组合过渡至高度融合且智能化阶段。

机电一体化是一个交叉学科，所涉及的内容十分广泛，包括机械技术、电子技术、计算机技术及其有机结合。机电一体化技术的应用不仅提高和拓展了机电产品的性能，而且使机械工业的技术结构、生产方式及管理体系发生了深刻变化．极大地提高了生产系统的工作质量。

随着科学技术的发展，机电一体化产品的概念不再局限于某一具体产品的范围，已扩大到控制系统和被控制系统相结合的产品制造和过程控制。为了在当今国际范围内激烈的技术、经济竞争中占据优势，世界各国纷纷将机电一体化的研究和发展作为一项重要内容而列入本国的发展计划，而我国也正处于由"制造大国"向"制造强国"的转变过程中，需要能够掌握核心与关键技术的人才进行自主创新，增强核心竞争力。

本书主要研究机电一体化技术方面的问题，涉及丰富的机电一体化知识。主要内容包括机电一体化技术的基本知识、系统总体方案与机械传动系统设计、传感检测技术、机电设备控制自动化技术、电气控制自动化技术、典型机电一体化系统技术等。本书是作者长期从事机电一体化教学和实践的结晶。本书在内容选取上既兼顾了知识的系统性，又考虑到可接受性，同时强调机电一体化技术的应用性。本书旨在向读者介绍机电一体化的基本概念、原理和应用。本书涉及面广，实用性强，使读者能理论结合实践，获得知识的同时掌握技能，理论与实践并重，并强调理论与实践相结合。本书兼具理论与实际应用价值，可供相关教育工作者参考和借鉴。

由于笔者水平有限，本书难免存在不妥甚至谬误之处，敬请广大学界同仁与读者朋友批评指正。

目　录

第一章　机电一体化技术概论

第一节　机电一体化的基本概念及发展状况

飞速发展的微电子和计算机等技术渗透到机械工程领域，并与其有机融合，由此一门新兴的边缘学科——机电一体化应运而生。

一、机电一体化概念

现代科学技术的飞速发展，极大地推动了不同学科的相互交叉与渗透，纵向分化、横向交叉与综合已经成为现代科技发展的重要特点，从而也引发了工程领域的一场技术革命，导致了工程领域的技术革命与改造。在机械工程领域，由于微电子技术和计算机技术的飞速发展及其向机械工业的渗透所形成的机电一体化，使机械工业的技术结构、产品结构、功能与构成、生产方式及管理体系发生了巨大变化，工业生产由"机械化"进入了以"机电一体化"为特征的发展阶段。

1971 年，日本《机械设计》杂志副刊提出了"mechatronics"这一名词。它由英文单词 mechanics（机械学）的前半部分与 electronics（电子学）的后半部分组合而成，即机械电子学或机电一体化。该词被 1996 年出版的 WEBSTER 大词典收录。这就意味着"mechatronics"这个词不仅得到了世界各国学术界和企业界的认可，而且意味着机电一体化的管理和思想为世人所接受。但是，"机电一体化"并非是机械和电子的简单叠加，而是把电子技术、信息技术、自动控制技术"融合"到机械学科中。"机电一体化"发展至今已经成为一门自成体系的新型学科。

迄今为止，机电一体化尚没有明确统一的定义，就连最早提出这一概念的日本也是说法不一。如日本机械振兴协会经济研究所于 1981 年对机电一体化概念所做的解释：机电一体化是在机械主功能、动力功能、信息功能和控制功能上引进微电子技术，并将机械装置与电子装置用相关软件有机结合而构成系统的总称。日经产业新闻把机电一体化称为"是机械装置和电子技术的电子学组合起来的技术进步的总称"，我国习惯称为机电一体化。

20世纪90年代国际机器与机构理论联合会（The International Federation for the Theory of Machines and Mechanism，IFTMM）成立了机电一体化技术委员会，其给出的定义是：机电一体化是精密机械工程、电子控制和系统在产品设计和制造过程中的协同结合。为什么会有这么多不同的定义和解释呢？这是由于：①人们看问题的角度不同，对其的理解也就各异；②随着生产活动和科学技术的迅猛发展，机电一体化的内容不断发展与更新。但其基本的特征可概括为：机电一体化是从系统观点出发，综合运用机械技术、微电子技术、自动控制技术、计算机技术、信息技术、传感测试技术、电力电子技术、接口技术、信号变换技术，以及软件编程技术等群体技术，根据系统功能目标和优化组织结构目标，合理配置与布局各功能单元，在多功能、高质量、高可靠性、低能耗的意义上实现特定功能价值并使整个系统达到最优的工程技术。由此而产生的功能系统，则成为一个机电一体化系统或机电一体化产品。

因此，机电一体化涵盖技术和产品两个方面。需要强调的是，机电一体化技术是基于上述群体技术有机融合的一种综合性技术，而不是机械技术、微电子技术及其他新技术的简单结合、拼凑。机电一体化中的微电子装置除可取代某些机械部件的原有功能外，还能赋予产品许多功能，如自动检测、自动处理信息、自动显示记录、自动调节与控制、自动诊断与保护等。即机电一体化产品具有"智能化"的特征是机电一体化与传统机械和电气、电子的结合的本质区别。它是机械系统和微电子技术系统，特别是与微处理器或微机的有机结合，从而赋予新的功能和性能的一种产品。机电一体化产品的特点是产品功能的实现是所有功能单元共同作用的结果，这与传统机电设备中机械与电子系统相对独立，可以分别工作具有本质的区别。随着科学技术的发展，机电一体化已从原来以机械为主的领域拓展到目前的汽车、电站、仪表、化工、通信、冶金等领域。而且机电一体化产品的概念不再局限于某一具体产品的范围，如数控机床、机器人等，现在已扩大到控制系统和被控制系统相结合的产品制造和过程控制的系统中，如柔性制造系统（FMS）、计算机辅助设计/制造系统（CAD/CAM）、计算机辅助工艺规划（CAPP）和计算机集成制造系统（CIMS），以及各种工业过程控制系统。

机电一体化这一新兴学科有其技术基础、设计理论和研究方法，只有对其充分理解，才能正确地进行机电一体化方面的工作。机电一体化的目的是使系统（产品）高附加值化，即多功能、高效率、高可靠性、省材料、省能源，不断满足人们生活和生产的多样化需求。所以，一方面，机电一体化既是机械工程发展的继续，同时也是电子技术应用的必然；另一方面，机电一体化的研究方法应该是从系统的角度出发，采用现代化设计分析方法，充分发挥边缘科学技术的优势。

二、机电一体化的现状

机电一体化技术的发展大体上可分为三个阶段。

（一）初期阶段

20世纪60年代以前为初期阶段。特别是在二次世界大战期间，战争刺激了机械产品与电子技术的结合，这些机电结合的军用技术，战后转为民用，对战后经济的恢复起到了积极作用。这个时期研制和开发还处于自发状态。由于当时的电子技术还没有发展到一定水平，信息技术还处于萌芽状态，因此机电技术还不可能广泛深入地发展。

（二）蓬勃发展阶段

20世纪70—80年代称为蓬勃发展阶段。这一时期，计算机技术、控制技术、通信技术的发展，为机电一体化的发展奠定了技术基础。这个时期的特点是：① Mechatronics 一词在日本首先得到认同，然后到20世纪80年代末在世界范围内得到广泛认同；②机电一体化技术和产品得到极大的发展；③机电一体化技术和产品在各国引起关注。此后由于大规模和超大规模集成电路技术及微型计算机和微电子技术的迅速发展，使得机电结合的形式更加灵活，内容更加丰富，应用更加广泛，从而引发了一场规模空前的技术革命。

（三）初步智能化阶段

20世纪90年代后期，开始了机电一体化技术向智能化方向迈进的新阶段，机电一体化进入了深入发展阶段。一方面由于光学、通信技术和细微加工技术等进入机电一体化，产生了光机电一体化和微机电一体化等新的分支；另一方面对机电一体化的建模、系统设计、集成方法等都进行了深入研究。由于人工智能技术、神经网络技术及光纤技术等领域取得的巨大进步，为机电一体化技术开辟了发展的广阔天地。以信息流为纽带的制造技术得到了广泛重视和迅速发展，出现了虚拟制造（VM）、敏捷制造（AM）、快速成型制造（RPM）、并行工程（CE）等新技术。这些研究将促使机电一体化进一步建立完整的基础和逐步形成完整的科学体系。

我国是从20世纪80年代开始CAD、CAM技术的研究的，而且主要集中在一些高等院校。我国对CIMS的研究比较重视，一些高校和研究所都成立了CIMS中心。在国家中长期科学和技术发展纲要中，我国将重点发展数字化和智能化设计制造，重点研究数字化设计制造集成技术，建立若干行业的产品数字化和智能化设计制造平台，开发面向产品全生命周期的、网络环境下的数字化、智能化创新设计方法及技术，计算机辅助工程分析与工艺设计技术，设计、制造和管理的集成技术。机电一体化技术在我国必将得到新的发展。

机电一体化技术促使仪器仪表迅速发展。20 世纪 80 年代，高性能微处理器的出现使得具有数据采集与处理、存储记忆、自动控制、通信、显示、打印报表等多功能的自动控制仪表得到发展。世界各国都非常重视传感器技术，它反映了一个国家的科技发达程度，特别是对一些新颖的先进的高科技传感器的研究，如超导传感器、集成光学传感器等。

机器人是近代科技发展的重大成果，是典型的机电一体化产品之一。几十年来，机器人已由第一代示教再现型发展到第二代感觉型和第三代的智能型。日本、美国、瑞典是三个生产机器人的主要国家，日本机器人的拥有量约占世界总数的 67%。世界机器人需求量每五年将翻一番，产值则每年以 27.5% 的速度迅速增长。

三、机电一体化的发展前景

机电一体化是机械技术与电子技术相结合的产物。它还处在不断发展和完善的过程中，按照机电一体化思想，凡是由各种现代高新技术与机械和电子技术相互结合而形成的各种技术、产品（或系统）都应属于机电一体化范畴。机电一体化是一个综合的概念，在当代产品中，单纯机械技术带来的产品附加值在其总的产品附加值中所占的比重越来越小，而微电子技术带来的附加值在其总的产品附加值中所占的比重越来越大。但这并不等于说，微电子技术可以脱离机械技术而在机械领域获得更大的经济效益，机械技术只有同微电子技术相结合，传统的机械产品只有向机电一体化产品方向发展，给机械行业注入新的活力，赋予新的内涵，才能使机械工业获得新生，这是机械工业发展的唯一出路。

机电一体化是集机械、电子、光学、控制理论、计算机技术和信息技术等多学科交叉融合的产物，大力推进制造业信息化、网络化和绿色环保化，大幅度提高产品档次、技术含量和附加值，是机电一体化发展的重点方向。

（一）机电一体化的主要发展方向

1. 智能化

智能化是 21 世纪机电一体化技术发展的主要方向。这里所说的"智能化"是对机器行为的描述，是在控制理论的基础上，吸收人工智能、电子技术、运筹学、计算机科学、模糊数学、心理学、生理学和混沌动力学等新思想、新方法，模拟人类智能，以求得到更高的控制目标。机器的行为具有逻辑思维、判断推理及自主决策的能力是智能化的重要标志。

2. 模块化、集成化

机电一体化产品种类和生产厂家繁多，研制和开发具有标准机械接口、电气接口、动力接口、环境接口的机电一体化产品单元是一项十分复杂而又重要的工作。利用标准单元迅速开发出新的产品，扩大生产规模，将给机电一体化企业带来美好前景。基础件和通用部件的大力开发和发展将使机电一体化产品的模块化程度更高，随着数字化设计制造集成技术的发展，若干行业的产品数字化和智能化设计制造平台的建立，计算机辅助工程分析与工艺设计技术的提高，设计、制造和管理的技术集成，将使机电一体化产品的集成化制造变得更加容易和快捷。

3. 信息网络化

制造全球化、制造敏捷化和制造虚拟化等制造模式已越来越离不开网络化和集成化的支持环境，网络化制造已成为现代制造业发展的主要趋势。网络化制造的目的在于通过制造企业间的合作与协调，共享信息、资源和知识，以实现产品整个生命周期的制造业务活动。

网络化制造与系统集成技术紧密相连，系统集成技术是网络化制造的基础，网络化制造是系统集成的具体表现。例如，网络化制造中异地分布制造企业之间的合作与协调、异构信息系统之间的互操作等都必须采用系统集成技术。网络化制造是一种企业为应对知识经济和制造全球化的挑战而实施的以快速响应市场需求和提高企业（企业群体）竞争力为主要目标的先进制造模式。

4. 微型化

微型系统技术已成为全球增长最快的工业技术之一，需要制造极小的高精密零件的工业，如生物 - 医疗装备、光学以及微电子（包括移动通信和计算机组件）等都有大量需求。微型化指的是机电一体化向微型化和微观领域发展的趋势。微机电一体化产品指的是几何尺寸不超过 1mm 的机电一体化产品，其最小体积近期将向微米至纳米级进发，使机电一体化产品具有轻、薄、小、巧的优点。

微机电一体化发展的瓶颈在于微机械技术，微机电一体化产品的加工采用精细加工技术，即超精密技术，它包括光刻技术和蚀刻技术两类。通常我们把被加工零件的尺寸精度和形位精度达到零点几微米，表面粗糙度低于百分之几微米的加工技术称为超精密加工技术。超精密加工技术在国防工业、信息产业和民用产品中都有着广泛的应用前景。

5. 绿色环保化

20 世纪 90 年代以来，绿色浪潮风起云涌，席卷全球，绿色环保成为一个世界性话题，并且已经渗透到社会的各个角落。绿色产品在其设计、制造、使用和销毁的生命过程中，要符合特定的环境保护和人类健康的要求，对生态环境无害或危害极少，资源利用率最高。

机电一体化产品的绿色化主要是指使用时不污染生态环境，可回收，无公害，如绿色电冰箱等。

6. 人性化

未来的机电一体化更加注重产品的人机关系，机电一体化产品的最终使用对象是人，赋予机电一体化产品人的智慧、情感，人性化越加重要，具有感知、认知功能，特别是对家用机器人，其高层境界就是人机一体化。

7. 多功能化

对机电一体化产品，不仅要求它们具有数据采集、检测、记忆、监控、执行、反馈、自适应、自学习等功能，还要求它们具有神经功能，以便实现整个生产系统的最佳化和智能化。

8. 节能化

节能化指机电一体化产品不用电或少用电，如太阳能空调、太阳能冰箱等。

9. 系统化、复合集成化

复合集成化、系统化是层次发展的特征。复合集成，既包含各种分支技术的相互渗透、相互融合和各种产品不同结构的优化与复合，又包含在生产过程中同时处理加工、装配、检测、管理等多种工序。

系统化、集成化也是一种非常高层次的指导方针。一是指不同领域的专家、学者联合起来，并扩大到不同公司之间、不同行业之间、政府各部门之间进行的种种协调，以及为处理国际贸易及国际合作之间一些事务的国际合作等。日本研究机电一体化技术的先驱者渡边茂先生将此称为"全球化"。二是指计算机集成制造系统（CIMS）及网络制造系统，这是当今世界机电一体化发展的最新趋势。

（二）数控机床、自动机与自动生产线的发展趋势

1. 数控机床

目前我国是全世界机床拥有量最多的国家（近320万台），但数控机床只占约5%，且大多数是普通数控（发达国家数控机床占10%）。近些年来数控机床为适应加工技术的发展，在许多技术领域都有了巨大进步。数控机床具有以下一些优势。

（1）高速。由于高速加工技术普及，机床普遍提高了各方面的速度。车床主轴转速由 3 000 ~ 4 000r/min 提高到 8 000 ~ 10 000r/min；铣床和加工中心主轴转速由 4 000 ~ 8 000r/min 提高到 12 000 ~ 40 000r/min 以上；快速移动速度由过去的 10 ~ 20m/min 提高到 48m/min、60m/min、80m/min、120m/min；在提高速度的同时要求提高运动部件启动的加速度，由过去一般机床的 0.5g（重力加速度）提高到（1.5 ~ 2g），最高可达 15g；直线电机在机床上已开始使用，主轴上大量采用内装式主轴电机。

（2）高精度。数控机床的定位精度已由一般的 0.01 ~ 0.02mm 提高到 0.008mm 左右；亚微米级机床达到 0.0005mm 左右；纳米级机床达到 0.005 ~ 0.01μm；最小分辨率为 1nm 的数控系统和机床已问世。

数控中两轴以上插补技术大大提高，纳米级插补使两轴联动加工出的圆弧都可以达到 1μm 的圆度，插补前多程序预读，大大提高了插补质量，并可进行自动拐角处理等。

（3）复合加工，新结构机床大量出现。如 5 轴 5 面体复合加工机床，5 轴 5 联动加工各类异形零件。同时派生出各种新颖的机床结构，包括 6 轴虚拟轴机床，串并联铰链机床等采用特殊机械结构，数控的特殊运算方式，特殊编程要求的机床。

（4）使用各种高效特殊功能的刀具使数控机床"如虎添翼"。如内冷钻头由于使高压冷却液直接冷却钻头切削刃和排出的切屑，在钻深孔时可大大提高工作效率。加工钢件切削速度能达 1 000m/min，加工铝件能达 5 000m/min。

（5）数控机床的开放性和联网管理。数控机床的开放性和联网管理是使用数控机床的基本要求，它不仅是提高数控机床开动率、生产率的必要手段，而且是企业合理化、最佳化利用这些制造手段的方法。因此，计算机集成制造、网络制造、异地诊断、虚拟制造、并行工程等各种新技术都是在数控机床的基础上发展起来的，这必然成为 21 世纪制造业发展的潮流。

2. 自动机与自动生产线

在国民经济生产和生活中广泛使用的各种自动机械、自动生产线及各种自动化设备，是当前机电一体化技术应用的又一具体体现。如 2 000 ~ 80 000 瓶 /h 的啤酒自动生产线，18 000 ~ 120 000 瓶 /h 的易拉罐灌装生产线，各种高速香烟生产线，各种印刷包装生产线，邮政信函自动分拣处理生产线，易拉罐自动生产线，FEBOPP 型三层共挤双向拉伸聚丙烯薄膜生产线等，这些自动机或生产线中广泛应用了现代电子技术与传感技术。如可编程序控制器、变频调速器、人机界面控制装置与光电控制系统等。我国的自动机与生产线产品的水平，比 10 多年前跃升了一大步，其技术水平已达到或超过发达国家 20 世纪 80 年代后期的水平。使用这些自动机和生产线的企业越来越多，对维护和管理这些设备的相关人员的需求也越来越多。

第二节　机电一体化系统的基本构成

机电一体化系统一般包括 6 个基本结构要素：机械本体、动力系统、测试传感部分、执行机构、控制及信息处理单元、接口。机电一体化系统的功能在很大程度上取决于控制系统。机械本体是执行机械运动的终端；传感部分一般是反馈运动或位置参数；信息处理单元主要是接收人工指令，并将它转化为电压信号给驱动部分；驱动部分与信息处理单元的连接叫接口；驱动部分一般包含驱动器及其电机组成；驱动器是将电压信号转换为可以驱动电机的信号。从机电一体化系统的功能看，人体是电一体化系统理想的参照物。

构成人体的五大要素分别是头脑、感官（眼、耳、鼻、舌、皮肤）、四肢、内脏及躯干。内脏提供人体所需要的能量（动力）及各种激素，维持人体活动；头脑处理各种信息并对其他要素实施控制；感官获取外界信息；四肢执行动作；躯干的功能是把人体各要素有机联系为一体。通过类比就可发现，机电一体化系统内部的五大功能与人体的上述功能几乎是一样的。

（1）机械本体。用于支撑和连接其他要素，并把这些要素合理地结合起来，形成有机整体。机电一体化技术应用范围很广，其产品及装置的种类繁多，但都离不开机械本体。例如，机器人和数控机床的本体是机身和床身，指针式电子手表的本体是表壳。因此，机械本体是机电一体化系统必要的组成部分。没有它，系统的各部件就支离破碎，无法构成具有特定功能的机电一体化产品或装置。

（2）动力系统。按照系统控制要求，为机电一体化产品提供能量和动力功能，驱动执行机构工作以完成预定的主功能。动力系统包括电、液、气等各种多种动力源。

（3）传感与检测系统。将机电一体化产品在运行过程中所需要的自身和外界环境的各种参数及状态转换成可以测定的物理量，同时利用检测系统的功能对这些物理量进行测定，为机电一体化产品提供控制运行所需的各种信息。传感与检测系统的功能一般由传感器仪表来实现，但要求其具有体积小、便于安装与连接、检测精度高、抗干扰等特点。

（4）信息处理及控制系统。根据机电一体化产品的功能和性能要求，信息处理及控制系统接收传感与检测系统反馈的信息，并对其进行相应的处理、运算和决策，以对产品的运行施以按照要求的控制，实现控制功能。机电一体化产品中，信息处理及控制系统主要是由计算机的软件和硬件及相应的接口组成。硬件一般包括输入 / 输出设备、显示器、可编程控制器和数控装置。机电一体化产品要求信息处理速度高，A/D 和 D/A 转换及分时处理时的输入 / 输出可靠，系统的抗干扰能力强。

（5）执行部件。即在控制信息的作用下完成要求的动作，实现产品的主功能。执行部件一般是运行部件，常采用机械、电液、气动等机构。执行机构因机电一体化产品的种类和作业对象不同而存在较大的差异。执行机构是实现产品目的功能的直接执行者，其性能好坏决定着整个产品的性能，因而是机电一体化产品中重要的组成部分。

（6）接口耦合与能量转换。

变换。两个需要进行信息交换和传输的环节之间，由于信息的模式不同（数字量与模拟量、串行码与并行码、连续脉冲与序列脉冲等），无法直接实现信息或能量的交流，需要通过接口完成信息或能量的统一。

放大。在两个信号强度相差悬殊的环节间，经接口放大，达到能量的匹配。

耦合。变换和放大后的信号在各环节间能可靠、快速、准确地交换，但必须遵循一致的时序、信号格式和逻辑规范。接口具有保证信息的逻辑控制功能，使信息按规定模式进行传递。

能量转换。其执行元件包含了执行器和驱动器。该转换涉及不同类型能量间的最优转换方法与原理。

机电一体化产品的 5 个组成部分在工作时相互协同，共同完成所规定的目的功能。在结构上，各组成部分通过各种接口及其相应的软件有机结合在一起，构成一个内部匹配合理、外部效能最佳的完整产品。

首先应该指出的是，构成机电一体化系统的几个部分并不是并列的。其中的机械部分是主体，这不仅是由于机械本体是系统的重要组成部分，而且系统的主要功能必须由机械装置来完成，否则就不能称其为机电一体化产品。如电子计算机、非指针式电子表等，其主要功能已由电子器件和电路等完成，机械已退居次要地位，这类产品主要归属电子产品，而不是机电一体化产品。因此，机械系统是实现机电一体化产品功能的基础，需在结构、材料、工艺加工及几何尺寸等方面确定机一体化产品高效、可靠、节能、多功能、小型轻量和美观等要求。除一般性的机械强度、刚度、精度、体积和质量等指标外，机械系统技术开发的重点是模块化、标准化和系列化，以便机械系统的快速组合和更换。

其次，机电一体化的核心是电子技术，电子技术包括微电子技术和电力电子技术，但重点是微电子技术，特别是微型计算机或微处理器。机电一体化需要新技术的有机结合，但首要的是微电子技术，不与微电子结合的机电产品不能称为机电一体化产品。如非数控机床，一般均有电动机驱动，但它不是机电一体化产品。除了微电子技术以外，在机电一体化产品中，其他技术则根据需要进行组合，可以是一种，也可以是多种。综上所述，对机电一体化可以概括出以下几点认识。

机电一体化是一种以产品和过程为对象的技术。

机电一体化以机械为主体。

机电一体化以微电子技术，特别是计算机控制技术为中心。

机电一体化将工业产品和过程都作为一个完整的系统来看待，因此强调各种技术的协同和集成，而不是将各个单元或部件简单拼凑到一起。

机电一体化贯穿设计和制造的全过程。

第三节　机电一体化产品的分类

目前，机电一体化产品已经渗透到国民经济、日常工作及生活的各个领域。电冰箱、全自动洗衣机、录像机、照相机等家电产品，电子打字机、复印机、传真机等自动化办公设备，脑CT、核磁共振等成像诊断仪器，数控机床、工业机器人、自动化物料搬运车等机械制造设备，以及由微机控制整时点火、助力转向、燃油喷射、排气净化等的交通运输设备，都是典型的机电一体化产品。

机电一体化产品的种类繁多，目前还在不断扩展，但仍可以按产品的功能划分为以下几类。

一、数控机械类

数控机械类的主要产品为数控机床、工业机器人、发动机控制系统和自动洗衣机等。其特点为执行机构是机械装置。

二、电子设备类

电子设备类的主要产品为电火花加工机床、线切割加工机床、超声波缝纫机和激光测量仪等。其特点为执行机构是电子装置。

三、机电结合类

机电结合类的主要产品为自动探伤机、形状识别装置、CT扫描仪、自动售货机等。其特点为执行机构是机械和电子装置的有机结合。

四、电液伺服类

电液伺服类的主要产品为机电一体化的伺服装置。其特点为执行机构是液压驱动的机械装置，控制机构是接受电信号的液压伺服阀。

五、信息控制类

信息控制类的主要产品为电报机、磁盘存储器、磁带录像机、录音机及复印机、传真机等办公自动化设备。其主要特点为执行机构的动作完全由所接受的信息控制。

另外，从控制角度来讲，机电一体化系统可分为开环控制系统和闭环控制系统。开环控制的机电一体化系统是没有反馈的控制系统，这种系统的输入直接送给控制器，并通过控制器对受控对象产生控制作用。一些家用电器、简易 NC 机床和精度要求不高的机电一体化产品都采用开环控制方式。开环控制机电一体化系统的优点是结构简单、成本低、维修方便；缺点是精度较低，对输出和干扰没有诊断能力。闭环控制系统是指在系统的输出端与输入端之间存在反馈回路，输出量对控制过程产生影响的控制系统，也叫反馈控制系统。闭环控制系统的核心是通过反馈来减少被控量（输出量）的偏差。此外，还可以按其他方面来分类，这里不再一一列举。

第四节　机电一体化的特点

随着机电一体化技术的快速发展，机电一体化产品有逐步取代传统机电产品的趋势。这完全取决于机电一体化技术所存在的优越性和潜在的应用性能。与传统的机电产品相比，机电一体化产品具有高功能水平和附加值，它将给开发生产者和用户带来较高的社会经济效益。

一、生产能力和工作质量提高

机电一体化产品大都具有信息自动处理和自动控制功能，其控制和检测灵敏度、精度以及范围都有很大程度的提高，通过自动控制系统可精确地保证机械的执行机构按照设计的要求完成预定动作，使之不受机械操作者主观因素的影响，从而实现最佳操作，保证最佳的工作质量和较高的产品合格率。同时，由于机电一体化产品实现了工作的自动化，使得生产能力大大提高。例如，数控机床对工件的加工稳定性大大提高，生产效率比普通机床提高 5 ~ 6 倍，柔性制造系统的生产设备利用率可提高 1.5 ~ 3.5 倍，可减少机床数量约 50%，减少操作人员约 50%，缩短生产周期 40%，使加工成本降低 50% 左右。此外，由于机电一体化工作方式具有可通过调整软件来适应需求的良好柔性，特别适合多品种小批量产品的生产，是缩短产品开发周期，加速更新换代的重要途径。

二、使用安全性和可靠性提高

机电一体化产品一般都具有自动监视、报警、自动诊断、自动保护等功能。在工作过程中遇到过载、过压、过流、短路等电力故障时，能自动采取保护措施，避免和减少人身与设备事故，显著提高设备的使用安全性。机电一体化产品由于采用电子元器件，减少了机械产品中的可动构件和磨损部件，因此具有较高的灵敏度和可靠性，产品的故障率低，寿命得到了延长。

三、调整和维护方便，使用性能改善

由于机电一体化产品普遍采用程序控制和数字显示，操作按钮和手柄数量显著减少，使得操作大大简化并且方便、简单。机电一体化产品在安装调试时，可通过改变控制程序来实现工作方式的改变，以适应不同用户对象的需要及现场参数变化的需要。这些控制程序可通过多种手段输入机电一体化产品控制系统中，而不需要改变产品中的任何部件或零件。对于具有存储功能的机电一体化产品，可以事先存入若干套不同的执行程序，然后根据不同的工作对象，只需给定一个代码信号输入，即可按指定预定程序进行自动工作。机电一体化产品的自动化检验和自动监视功能可对工作过程中出现的故障自动采取措施，使工作恢复正常。机电一体化产品的工作过程根据预设程序逐步由电子控制系统来实现，系统可重复实现全部动作。高级的机电一体化产品可通过被控制对象的数学模型以及设定参数的变化随机搜寻工作程序，实现自动最优化操作。

四、具有复合功能，适用面广

机电一体化产品一般具有自动化控制、瞬间自动补偿、自动校验、自动调节、自动保护和智能等多种功能，能应用于不同的场合和领域，应变能力大大增强。机电一体化产品跳出了机电产品单技术和单功能限制，具有复合技术和复合功能，使产品的功能水平和自动化程度大大提高。

五、改善劳动条件，有利于自动化生产

机电一体化产品自动化程度高，是知识密集型和技术密集型产品，是将人们从繁重的体力劳动中解放出来的重要途径，可以加速工厂自动化、办公自动化、农业自动化、交通自动化甚至家庭自动化。

六、节约能源，减少耗材

节约一次和二次能源是国家的战略目标，也是用户十分关心的问题。机电一体化产品，通过采用低能耗驱动机构，最佳的调节控制，以提高设备的能源利用率，可达到明显的节能效果。同时，由于多种学科的交叉融合，机电一体化系统的许多功能一方面从机械系统转移到了微电子、计算机等系统；另一方面从硬件系统转移到了软件系统，从而使得机电一体化系统朝着轻、小、智能化方向发展，减少了材料消耗。

因此，无论是生产部门还是使用单位，机电一体化技术和产品的应用，都会带来显著的社会和经济效益。正因为如此，世界各国，尤其是日本、美国及欧洲各国都在大力发展和推广机电一体化技术。

传统产业通过机电一体化革命所带来的优质、高效、低耗、柔性提高了企业的竞争能力，引起了各个国家和企业的极大重视。世界机电产品市场上，高新技术产品的出口贸易增长速度十分惊人。高新技术产品的出口贸易额，1976 年仅为 500 亿美元，14 年后的 1990 年已达到 3 500 亿美元，年平均增长达到了 14.8%，约为世界出口贸易额增长率的 4 倍，从而使高新技术出口总额占世界总出口额的比重，由 1976 年的 5% 上升到 1990 年的 11%。

21 世纪初，高新技术产品的出口贸易可望达到 8 000 亿美元，其占世界出口贸易的比重可达 16%。机电一体化新型产品将逐步取代大部分传统机械产品，传统的机械装备和生产管理系统将被大规模地改造和更新为机电一体化生产系统，机电一体化产业将占据主导地位，机械工业将以机械电子工业的新面貌得到迅速发展。

第五节　机电一体化的理论基础与关键技术

一、理论基础

系统论、信息论、控制论的建立，微电子技术，尤其是计算机技术的迅猛发展，引起了科学技术的又一次革命，导致了机械工程的机电一体化。

系统论、信息论、控制论无疑是机电一体化技术的理论基础，是机电一体化技术的方法论。

开展机电一体化技术研究，无论在工程的构思、规划、设计方面，还是在它的实施或实现方面，都不能只着眼于机械或电子，不能只看到传感器或计算机，而是要用系统观点，合理解决信息流与控制机制的问题，有效综合各有关技术，才能形成所需要的系统或产品。

确定机电一体化系统目的、功能与规格后，机电一体化技术人员利用机电一体化技术进行设计、制造的整个过程称为机电一体化工程。实施机电一体化工程的结果是新型的机电一体化产品。实施机电一体化工程实际上是一项系统工程，它需要科学规划，系统研究和设计，然后通过反复的试验来进行机电一体化产品的设计。

系统工程是系统科学的一个工作领域，而系统科学本身是一门关于"针对目的要求进行合理的方法学处理"的边缘科学。系统工程的概念不仅包括"系统"，即具有特定功能，相互之间具有有机联系的许多要素所构成的一个整体，还包括"工程"，即产生一定的效能的方法。1978年后，钱学森指出："系统工程是组织管理系统的规划、研究、设计、制造、试验和使用的科学方法，是一种对于所有系统都具有普遍意义的科学方法。"机电一体化技术就是系统工程科学在机械电子工程中的具体应用。具体地讲，就是以机械电子系统或产品为对象，以数学方法和计算机等为工具，对系统的构成要素、组织结构、信息交换和反馈控制等功能进行分析、设计、制造和服务，从而达到最优化设计、最优控制和最优管理的目标，以便充分发挥人力、物力和财力，通过各种组织管理技术，使局部与整体之间协调配合，实现系统的综合最优化。系统工程是数学方法和工程方法的汇集。

机电一体化技术是从系统工程观点出发，应用机械、微电子等有关技术，使机械、电子有机结合，实现系统或产品整体最优化的综合性技术。小型的生产、加工系统，即使是一台机器，也都是由许多要素组成的，为了实现具有"目的功能"，还需要从系统角度出发，不拘泥于机械技术或电子技术，并寄希望于能够使各种功能要素构成最佳结合的柔性技术与方法。机电一体化工程就是这种技术和方法的统一。

机电一体化系统是一个包括物质流、能量流和信息流的系统，有效利用各种信号所携带的丰富信息资源，则有赖信号处理和信息处理技术。观察所有机电一体化产品，就会看到准确的信息获取、处理在系统中所起的实质性作用。

将工程控制理论用于机械工程技术而派生的机械控制工程为机械技术引入了崭新的理论和思想，把机械设计技术由原来静态的、孤立的传统设计思想引向动态、系统的设计环境，使科学的辩证法在机械技术中得以体现，为机械设计提供了丰富的现代设计方法。

二、关键技术

如果说系统论、信息论、控制论是机电一体化技术的理论基础，那么微电子技术、精密机械技术就是它的技术基础。微电子技术的进步，尤其是微型计算机技术的迅速发展，为机电一体化技术的进步与发展提供了前提条件。正是有了计算机才使机械、电子、信息的一体化得以实现。有了微型计算机日新月异的发展，才有了机电一体化技术的勃勃生机。

同时，在机电一体化技术的发展中，不能低估精密机械加工技术对它的贡献。机电一体化产品中的许多重要零部件都是利用超精密加工技术制造的，就连微电子技术本身的发展也离不开精密机械技术。例如，在规模集成电路制造中的微细加工就是精密机械技术进步的成果。因此可以说，精密机械加工技术促进了微电子技术的不断发展，微电子技术的不断发展又推动了精密机械技术中加工设备的不断更新。

由于机电一体化是一个工程，是一个大系统，因此它的发展不仅要靠信息技术、控制技术、机械技术、电子技术和计算机技术的发展，还要依靠其他相关技术的发展，同时也要受社会条件、经济基础的影响。机电一体化技术内部各种因素的联系及外部条件的影响关系。其中主要因素固然是发展机电一体化技术的必备条件，但各种相关技术的发展及外部影响因素的相互配合也是必不可少的。

机电一体化是各种技术相互渗透的结果，其关键共性技术包括检测与传感检测技术、信息处理技术、自动控制技术、伺服驱动技术、接口技术、精密机械技术、监控与诊断技术及系统总体技术等。

（一）检测与传感检测技术

检测与传感检测技术是机电一体化的关键技术。如何从待测对象那里获取能反映待测对象特征和状态信号，将取决于传感器技术，而能否有效利用这些信号所携带的丰富信息则取决于检测技术。在机电一体化产品中，工作过程的各种参数、工作状态以及与工作过程有关的相应信息都要通过传感器进行接收，并通过相应的信号检测装置进行测量，然后送入信息处理装置及反馈给控制装置，以实现产品工作过程的自动控制。机电一体化产品要求传感器能快速和准确地获取信息并且不受外部工作条件和环境的影响，同时检测装置能不失真地对信号进行放大、输送和转换。

随着机电一体化技术的发展，传感器技术成为机电一体化产品向柔性化、功能化和智能化发展的重要技术基础。传感器技术自身就是一门多学科、知识密集的应用技术。传感原理、传感材料及加工制造装配技术是传感器开发的三个重要方面。作为一个独立器件，传感器的发展正进入集成化、智能化研究阶段。把传感器件与信号处理电路集成在一个芯片上，就形成了信息型传感器。若再把微处理器集成到信息型传感器芯片上，就是所谓的智能型传感器。

与计算机相比，传感器的发展显得缓慢，难以满足技术发展的要求。许多机电一体化装置不能达到满意的效果或无法实现设计的关键原因，在于没有合适的传感器，因此大力开展传感器研究，对机电一体化技术的发展具有十分重要的意义。

（二）信息处理技术

信息处理技术是指在机电一体化产品工作过程中，与工作过程中各种参数和状态及自动化控制有关的信息输入、识别、转换、运算、存储、输出和决策分析等技术。信息处理得是否及时、准确，直接影响着机电一体化系统或产品的质量和效率，因而也是机电一体化的关键技术。

机电一体化产品中，实现信息处理技术的主要工具是计算机。计算机技术包括硬件和软件技术、网络与通信技术、数据处理技术和数据库技术等。在机电一体化产品中，计算机信息处理得是否正确、及时，直接影响着系统工作的质量和效率，因此计算机应用及信息处理技术已成为促进机电一体化技术发展和变革的最活跃的因素。

人工智能技术、专家系统技术、神经网络技术等都属于计算机信息处理技术。

（三）自动控制技术

从某种意义上讲，机电一体化系统的优劣很大程度上取决于控制系统的好坏，机电一体化系统靠控制系统完成信息处理功能。所谓自动控制技术，就是通过控制器使被控对象或过程自动地按照预定的规律运行。自动控制技术的广泛使用，不仅大大提高了劳动生产率和产品质量，改善了劳动条件，而且在人类征服大自然、探索新能源、发展空间技术与改善人类物质生活等方面起着极为重要的作用。自动控制技术这一学科主要讨论控制原理，包括控制规律、分析方法和系统构成等。机电一体化将自动控制作为重要的支撑技术，自动控制技术装置是它的重要组成部分。

自动控制技术主要以传递函数为基础，研究单输入、单输出、线性自动控制系统分析与设计问题的经典控制技术，其发展较早，且日臻成熟。在工程上成功解决了诸如伺服系统自动控制的实践问题。

随着科学技术发展和工程实践的需要而发展起来的现代控制技术主要以状态空间法为基础，研究多输入、多输出、变参量、非线性、高精度、高效能等控制系统的分析和设计问题，最优控制、最佳滤波、系统识别、自适应控制等都是这一领域研究的主要问题。近年来，由于计算机技术和现代应用数学的快速发展，现代控制技术在系统工程和模仿人类活动的智能控制等领域取得了重大发展。

在机电一体化技术中，诸如高精度定位控制、速度控制、自适应控制、自诊断、校正、补偿等自动控制技术都是重要的关键技术。现代控制理论的工程化与实用化以及优化控制模型的建立、复杂控制系统的模拟仿真、自诊断监控技术及容错技术等都是有待研究的课题。

（四）伺服驱动技术

伺服驱动技术主要是机电一体化产品中的执行元件和驱动装置设计中的技术问题，它涉及设备执行操作的技术，对所加工产品的质量具有直接的影响。机电一体化产品中的执行元件有电动、气动和液压等类型，其中多采用电动式执行元件，驱动装置主要是各种电动机的驱动电源电路，目前多由电力器件及集成化的功能电路构成，执行元件一方面通过接口电路与计算机相连，接受控制系统的指令；另一方面通过机械接口与机械传动和执行机构相连，以实现规定的动作。因此，伺服驱动技术直接影响着机电一体化产品的功能执行和操作，对产品的动态性能、稳定性能、操作精度和控制质量等产生着决定性的影响。

例如，直流伺服电机的控制性能、速度与转矩特性的稳定性，交流电机系统的变频调速、电流逆变技术、电磁铁的体积大小、工作可靠性问题，液压与气动执行机构的精度、响应速度等技术问题都是机电一体化系统设计中需研究的技术。

（五）接口技术

机电一体化系统是机械、电子和信息等性能各异的技术融为一体的综合系统，其构成要素和子系统之间的接口极其重要。从系统外部看，输入/输出是系统与人、环境或其他系统之间的接口。从系统外部看，机电一体化系统是通过许多接口将各组成要素的输入/输出联成一体的系统。因此，各要素及各子系统之间的接口性能就成为综合系统性能好坏的决定性因素。机电一体化系统最重要的设计任务之一往往就是接口设计。

（六）精密机械技术

精密机械技术是机电一体化的基础，因为机电一体化产品的主要功能和构造功能大都以机械技术为主才能实现。随着高新技术引入机械行业，机械技术面临着挑战和变革。在机电一体化产品中，它不再是单一地完成系统间的连接，系统结构、质量、体积刚性与耐用性方面对机电一体化系统有着重要的影响。机电一体化产品对机械零部件，如导轨、珠丝杠、轴承、传动部件等的材料、精度、机电一体化的技术相适应，以实现结构上、材料上、性能上的变更，同时满足减轻质量、缩小体积、提高精度、提高刚度、改善性能的要求。

在制造过程的机电一体化系统中，经典的机械理论与工艺借助计算机辅助技术，同时采用人工智能与专家系统等，形成了新一代的机械制造技术。这里原有的机械技术以知识和技能的形式存在，是任何其他技术都替代不了的。如计算机辅助工艺规划（CAPP）是目前 CAD/CAM 系统研究的瓶颈，其关键问题在于如何将广泛存在于各行业、企业、技术人员中的标准、习惯和经验进行表达和陈述，从而实现计算机的自动化工艺设计与管理。

（七）监控与诊断技术

监控与诊断技术对于保证机电一体化设备的可靠运行，充分发挥其效能具有重要意义。机电一体化系统规模的扩大和自动化程度的日益提高，促进了设备状态检测与诊断技术的发展。监测包括测量加工过程的物理状态、工艺状态和工艺效果等方面内容。诊断则可通过故障机理研究，根据设备故障模型，把设备诊断分为状态型诊断、性能型诊断和功能型诊断。通过诊断，可预测系统的功能和可靠性，识别故障原因、部位及程度，决定维修方案。人工智能、专家系统引入，使诊断技术进入了一个崭新的阶段。

（八）系统总体技术

机电一体化系统的多功能、高精度、高效能要求和多领域技术的交叉不可避免地使产品本身及其开发设计技术复杂化。系统的总体性能不仅与各构成要素的功能、精度有关，而且有赖于各构成要素是否进行了很好的协调与融合。系统总体技术就是从整体目标出发，用系统的观点和方法，将机电一体化产品的总体功能分解成若干功能单元，找出能够完成各个功能的可行性技术方案。系统总体技术的目的是在机电一体化产品各组成部分的技术成熟、组件的性能和可靠性良好的基础上，通过协调各组件的相互关系和所用技术的一致性来保护产品实现经济、可靠、高效和操作方便等。系统总体技术是系统指标得以实现的关键技术。

在机电一体化产品中，机械、电气和电子是性能规律截然不同的物理模型，因而存在匹配上的困难；电气、电子又有强电与弱电、模拟与数字之分，必然会遇到相互干扰与耦合的问题；系统的复杂性带来的可靠性问题；产品的小型化增加了状态监测与维修的困难；多功能化造成诊断技术的多样性等，因此需考虑产品整个寿命周期的总体综合技术。

为了开发具有较强竞争能力的机电一体化产品，系统总体设计除考虑优化设计外，还包括可靠性设计、标准化设计、系列化设计以及造型设计。

三、机电一体化技术与其他技术的区别

（一）机电一体化技术与传统机电技术的区别

传统机电技术的操作控制主要通过具有电磁特性的各种电器来实现，如继电器、接触器等，在设计中不考虑或很少考虑彼此间的内在联系；机械本体和电气驱动界限分明，整个装置是刚性的，不涉及软件和计算机控制。机电一体化技术以计算机为控制中心，在设计过程中强调机械部件和电器部件间的相互作用和影响，整个装置在计算机控制下具有一定的智能性。

（二）机电一体化技术与并行工程的区别

机电一体化技术将机械技术、微电子技术、计算机技术、控制技术和检测技术在设计和制造阶段有机结合在一起，十分注意机械和其他部件之间的相互作用。而并行工程将上述各种技术尽量在各自范围内齐头并进，只在不同技术内部进行设计制造，最后通过简单叠加完成整体装置。

（三）机电一体化技术与自动控制技术的区别

自动控制技术的侧重点是讨论控制原理、控制规律、分析方法和自动系统的构造等。机电一体化技术将自动控制原理及方法作为重要支撑技术，将自控部件作为重要控制部件，应用自控原理和方法，对机电一体化装置进行系统分析和性能测算。

（四）机电一体化技术与计算机应用技术的区别

机电一体化技术只是将计算机作为核心部件应用，目的是提高和改善系统性能。计算机在机电一体化系统中的应用仅仅是计算机应用技术中的一部分，它还可以在办公、管理及图像处理等方面得到广泛应用。机电一体化技术研究的是机电一体化系统，而不是计算机应用本身。

第二章　系统总体方案设计

第一节　概述

机电一体化系统是一门涉及光、机、电、液、仪等综合技术的学科。机电一体化系统设计就是应用系统技术，从整体目标出发，通过对机电一体化产品的性能要求和系统各组成单元特性的分析，选择合理的单元组合方案，实现机电一体化产品整体优化设计。

随着社会进步和科学技术的发展，种类繁多、性能各异的新机构、集成电路、传感器、微处理器和新材料等机电一体化相关技术、产品不断涌现，给机电一体化系统（产品）设计提供了众多的可选方案，使设计工作具有更大的灵活性和创新性。如何充分利用这些条件，开发出满足市场需求的机电一体化产品，是机电一体化系统设计的主要任务。

机电一体化系统设计基本原则。

机电一体化系统设计最终目的是为市场提供优质、高效、价廉物美的产品，在商品市场竞争中取得优势、赢得用户，并取得良好的经济和社会效益。

产品质量以及经济、社会效益取决于设计、制造和管理的综合水平，其中产品设计是关键。没有高质量的设计，就不可能有高质量的产品；没有经济观点的设计人员，绝不可能设计出好的产品。据统计，产品的质量事故，约有 50% 是设计不当造成的；产品的成本，60% ~ 70% 取决于设计。设计机电一体化产品时，应特别强调从系统的观点出发，合理确定系统功能，提高其可靠性、经济性、安全性和环境友好性。

一、合理确定系统的功能

一项产品的推出总是以社会需求为前提的。如果没有市场需求，也就失去了产品设计的价值和依据。产品应不断更新以适应市场的变化，否则将会滞销、积压，造成浪费，影响企业的经济效益。所以，产品设计人员必须树立市场观念，以技术进步、社会需求作为基本出发点，搞好产品开发设计。

所谓需求就是对产品功能的需求，用户购买产品实际上是就是购买产品的功能。产品功能 F 与成本 C 之比 V（即 V=F/C），称为产品的价值系数，它反映了产品价值的高低。

为了提高产品的价值，一般可采取下列五种措施。

1）增加功能，成本不变。

2）功能不变，降低成本。

3）增加一点成本以换取更多的功能。

4）降低一些功能以使成本更多地降低。

5）增加功能，降低成本。

显然，最后一种措施是最理想的，但也是最困难的。可以看出，要提高产品的价值系数在很大程度上取决于设计。因此，在产品设计的每个阶段都应进行价值分析，采取多种方案进行技术经济分析，以系统最佳方案，向用户提供成本低、功能好的产品。

二、提高系统可靠性

可靠性是衡量系统质量的一个重要指标。可靠性是指系统在规定条件下和规定时间内实现规定功能的能力。规定功能的丧失称为失效，对于可修复的系统失效称为故障。

提高系统可靠性的最有效方法是进行可靠性设计。进行可靠性设计时必须掌握影响可靠性的各种因素和统计数据，建立包括研究、设计、制造、试验、管理、使用和维修以及评审的一整套可靠性计划。

可靠性设计可以从以下几个方面着手。

（1）分析失效机理，查找失效原因。如果能在研究和设计阶段对可能发生的故障或失效进行预测和分析，分析失效机理，掌握失效原因，采取相应的预防措施，则系统的失效率将会降低，可靠性会随之提高。

（2）把可靠性设计方法应用到零部件、元器件中去。实践证明，机电一体化系统的可靠性很大程度上是由设计决定的。如果设计时考虑不当，未能使零部件、元器件达到必要的可靠性，无论制造得多么好，维护得多么精心，都无法弥补因设计造成的缺陷。机电一体化系统的可靠性是由其零部件、元器件可靠性保证的，只有零部件、元器件的可靠性高才能使系统的可靠性高。但是，这不意味着全部的零部件、元器件都要有高的可靠性。对系统可靠性有关键影响的零部件、元器件通常是系统的重要环节。因此，设计时应从整体的、系统的观点分析其主要影响因素，采取降低工作负荷、载荷分流、均载技术或冗余技术等来提高系统可靠性。

（3）简化结构，提高标准化程度。结构简单的零部件、元器件往往工艺性好，制造、测量和装配后的质量容易得到保证，故障的潜在因素也易于得到控制。

标准化是提高产品质量可靠性的一项重要措施。标准件的结构工艺性和可靠性一般都比较好，所以，应尽量采用标准件和通用件，以提高产品质量和可靠性。

（4）提高维护和维修性。维护和维修是保持产品功能或恢复功能的技术措施。维护和维修性是指在规定条件下和规定时间内，按规定程序和方法进行维修，以保持和恢复系统规定的功能。因此，维修性也可以看做是维护系统可靠性的方法。

机电一体化系统在正常运行期内，如能进行良好的维修，及时更换磨损、疲劳、老化的零部件、元器件，系统的可靠性就会提高，寿命则可以延长。因此，在设计阶段就应考虑系统的维护和维修，使系统具有良好的维修性。系统的薄弱环节（易损件，如皮带、轴承等）应尽量做成独立部件或采用标准件。

三、提高系统经济性

机电一体化系统的经济性主要表现在设计、制造和使用维修的全过程中。

1. 提高设计和制造的经济性

降低成本是提高经济效益的关键。在保证产品功能和可靠性要求的前提下，通过优化设计和制造来降低产品的成本，提高设计和制造的经济性，从设计角度来说可以从以下几个方面着手。

（1）合理确定可靠性要求及安全系数值。可靠性应根据系统的重要程度、工作要求、制造维修的难易程度和经济性要求等因素来确定。虽然可靠性指标和安全系数都可作为描述系统可靠性程度的指标，但是它们的含义和概念却迥然不同。在可靠性技术设计时，应坚持经济性和可靠性统一的原则，以符合客观实际为设计依据。采用安全系数作判断依据时，对可靠性程度要求高者，取值应大些；反之可取值小些。当设计数据分布的离散程度较大时，安全系数值应取大些；反之可取小些。

（2）贯彻标准化、系列化和通用化"三化"思想。标准化是指将产品（特别是零部件、元器件）的质量、规格、性能、结构等方面的技术指标加以统一规定并作为标准来执行。常见的标准代号有 GB、JB、ISO 等，他们分别代表中华人民共和国国家标准、机械工业标准、国际标准化组织标准。

系列化是指对同一产品，在同一基本结构或基本条件下规定出若干不同的尺寸系列。如 CA-A 系列普通车床主要包括 CA6140A、CA6240A、CA6150A、CA6250A 等型号；CAI 系列变频调速器主要包括 CAI40C、CAI90C 等型号；CJX2 系列交流接触器主要包括 CJX2-0910、JX2-1810、CJX2-3201、CJX2-6511 等型。

所谓通用化，是指产品和装备中，用途相同、结构相近的零部件，经过统一后，可以形成彼此互换的标准化形式。显然，通用化要以互换性为前提，互换性有两层含义，即尺寸互换性和功能互换性。例如，所设计的柴油机，既可用于拖拉机，又可用于汽车、装运机、推土机和挖掘机等。通用性越强，产品的销路就越广，生产的机动性越大，对市场的适应性就越强。

使用通用零部件可以使设计、制造、装配的工作量都得到减小，还能简化管理、缩短设计试制周期。

贯彻"三化"的好处主要是：减轻了设计工作量；有利于提高设计质量并缩短生产周期；便于设计与制造，降低其成本；同时易于保证产品质量、节约材料、降低成本；提高互换性，便于维修；便于评价产品质量，解决经济纠纷等。

（3）采用新技术。随着科学技术的不断发展，各种新技术（包括新产品、新方法、新工艺、新材料等）不断问世，设计选择范围更大，在设计中采用新技术通常可使产品的性能和经济性变得更好，因而具有更强的竞争力。如采用激光切割新技术加工金属板材，不但生产率高，而且加工质量好。因此，设计人员要善于学习和掌握各种新技术，不断充实自己和改进产品。

（4）改善零部件、元器件的结构工艺性。结构工艺性是指所设计产品的结构和零件，在保证产品功能和质量的前提下，用经济高效的工艺方法进行加工、测试和装配，使生产过程更简单、经济。良好的结构工艺性，也是实现设计目标、减少差错、减小废品率、提高产品质量的基本保证。

影响结构工艺性的因素很多，如生产规模、设备和工艺条件、原材料的供应等。当生产条件改变时，零部件、元器件结构工艺也会随之改变。因此，结构工艺既有原则性和规律性，又有一定的灵活性和相对性，设计时应根据不同的情况进行具体分析后确定。

2. 提高使用和维修的经济性

提高产品的经济性不仅要提高设计和制造的经济性，也要提高使用和维修的经济性。既要考虑制造者的利益，也要考虑使用者的利益，二者缺一不可。

提高使用和维修的经济性，主要可从下述几个方面来考虑。

（1）提高产品的效率。用户总是希望购买效率高、能源消耗低的产品。机电一体化产品效率主要取决于传动系统和执行系统的效率。设计人员在方案设计和结构设计时，应充分考虑提高效率的方法。如设计中选用机械传动系统轴承时，在可能情况下，尽可能采用滚动轴承替代滑动轴承，以提高机械效率。

（2）合理地确定产品的经济寿命。一般说来，人们都希望产品有长的使用寿命，但是单纯追求长寿命是不适当的。众所周知，产品使用寿命越长，系统的性能越差，相应的使用费用（包括维修保养、操作、材料及能源消耗费等）也会越多，使用经济性越低。如各国都规定了汽车使用年限，到了一定的使用年限，汽车油耗显著增加，零部件安全可靠性也降低，此时，最佳的选择是更新设备。系统正常运行寿命是可以延长的，但是必须以相应的维修为代价。因此，合理确定产品的经济寿命，适时更新产品，是促进技术进步、不断提高产品使用经济效益的重要措施之一。

（3）提高维修保养的经济性。目前，在机电一体化产品中应用比较多的是定期维修方式，即按照规定程序，每隔一定时间进行一次维修。通常维修周期主要根据使用经验、主观判断或统计资料确定。这种维修方式因无法准确估计影响故障的因素及故障发生的时间，因而难免出现设备失修或维修次数过多的现象。

近年来，随着故障诊断技术的不断进步，维修技术也得到飞速发展。按需维修的方式就是采用了故障诊断技术。它不断对系统中主要零部件、元器件进行特性值的测定，当发现某种故障征兆时就进行维修或更换。这种维修方式既能提高系统有效的运行时间、充分发挥零部件的功能潜力，又能减少维修次数，减少盲目维修，因而其总的经济效益较高。

四、保证安全性和环境友好性

系统的安全性包括机电一体化系统执行预期功能的安全性和环境友好性。

1. 机电一体化系统执行预期功能的安全性

机电一体化系统执行预期功能的安全性是指运行时系统本身的安全性。例如，必须满足强度、刚度、耐磨性、电压、电流、频率稳定性等要求。为此，应根据工作载荷特性及系统本身的要求，按照有关规范和标准进行设计和计算。为了避免由于意外原因造成故障和失效，常需配置过载保护、安全互锁等装置。

2. 环境友好性

机电一体化产品是为人类服务的，同时它又在一定的环境中工作，人、机、环境三者构成了一个特定的系统。机电一体化产品工作时，不仅产品本身应有良好的安全性，而且对使用产品的人员及周围环境也应有良好的环境友好性。人 - 机 - 环境友好性是一门新兴学科，属于人机工程学研究范围。

环境友好性，研究人、机、环境之间的相互作用和协调，使机电一体化产品不但便于操作和使用，而且安全又舒适宜人，消除对人身构成伤害的各种危险因素，使人类的生存环境能得到良好的保护和改善。环境友好性主要包括劳动安全和环境保护两个方面的内容。

（1）劳动安全 改善劳动条件，防止环境污染，保护劳动者在劳动活动中的安全和健康，是工业技术发展的重要法规，也是产品设计的基本原则之一。

为了保障操作人员的安全，应特别注意机电一体化产品系统运行时可能对人体造成伤害的危险区，并进行切实有效的防护。例如，设置防护罩、防护盖、安全挡板或隔离板等，把危险区与人体隔离开。对人体易误入的危险区，必须设置可靠的保护装置或报警装置。

（2）环境保护　环境保护的内容非常广泛，如废气、废水、废渣（三废）的治理，除尘、防毒、防暑降温，采光、采暖与通风，放射保护，噪声和振动的控制等。具体的防治要求和措施，可参阅有关的标准、规范和资料。

降噪和减振是环境保护主要研究内容之一。噪声是指令人产生不愉快或不希望有的声音，它损害人们的听觉，妨碍会话和思考，使人感到烦躁和疲乏，分散注意力，降低工作效率，影响安全生产。因而，噪声是一种公害，很多机电产品已把噪声作为评价质量指标之一。

根据我国"工业企业卫生标准"的规定，生产车间和作业场地噪声不得超过85dB，机床噪声应小于 75 ～ 85dB，小型电机为 50 ～ 80dB，汽油发动机应小于80dB，家用电冰箱应控制噪声小于 45dB，而洗衣机噪声则应小于 65dB。

噪声主要有三类：流体动力噪声、结构噪声和电磁噪声。

当流体中有涡流或压力突变量时，流体产生扰动而发出噪声，振源会引起流体的振动，如鼓风机、空气压缩机及液压系统等的噪声皆属于此类噪声。

结构噪声是由固体振动而产生的，如各类机床、球磨机、粉碎机等。

电磁噪声是由空隙中的交变电磁力相互作用而引起电磁振动产生的，如发电机、电动机及变压器产生的主要噪声均属电磁噪声。

如果产品的噪声值超出了允许范围，就应该采取相应措施以降低噪声。控制噪声的根本途径是控制噪声源。从本质上看，噪声来自振动，控制振动就是控制噪声，凡是能减小振动的措施都有助于降低噪声。例如，减小振动体的激振力、改变系统的固有频率、减小运动副的间隙、改变阻尼、改善润滑条件以及采用减振或隔振措施等。对于流体可采用消除湍流、降低流速、减小压力脉动等措施，都可获得降噪的效果。对于设备中的某些静止零件，如罩壳、盖板、箱体、管道等零件，可采用：合理设计薄壁件的结构，适当增加筋板，改变管道支撑位置，接合面处设置阻尼材料制成的隔振层或薄板表面涂以阻尼材料等。

利用吸声材料玻璃棉、矿渣棉、聚氨酯泡沫塑料、毛毡、微孔板等进行吸声。好的吸声材料能吸收入射声80% ～ 90%，薄板状吸声结构在声波撞击板面时产生振动，吸收部分入射声，并把声能转化为热能。微穿孔板的复合吸声结构利用声波通过的空气在小孔中来回摩擦消耗声能，用腔的大小来控制吸声器的共振频率，吸声腔越大，共振频率越低。

利用隔声罩、隔声间、隔声门、隔声屏等结构，用声反射的原理隔声。简单的隔声屏能降低噪声5～10dB。用1mm钢板作隔声门时，隔声量约为30dB；而好的隔声间可降低噪声20～45dB。

将消声器、消声箱放在电机、空气动力设备及管道的进出口处，噪声可下降10～40dB，响度下降50%～93%，主观感觉有明显效果。

变被动控制为主动控制是今后噪声控制的主要发展方向之一。设计低噪声产品及零部件必须分析产品中各部件的原理和结构对噪声的影响，从根本上采取综合措施以降低噪声。

第二节　机电一体化系统设计的一般过程

由于机电一体化系统所对应的产品可能是生产、运输、包装、工程机械，社会服务性机械，检验测试仪器，家用电器，农、林、牧、渔机械，航空、航天、国防用武器装备等各行业的产品或设备，因此，机电一体化系统设计一般过程是通用化的过程。主要包括计划、设计调查、初步设计、技术设计等步骤。

一、计划

通常计划活动发生在实际产品开发过程启动之前。这一阶段始于企业策略，是建立在市场调查的基础上，包括对技术开发和市场目标的评估。计划阶段输出的是根据产品发展规划和市场需要提出设计任务书，或由上级主管部门下达计划任务书，任务书需明确设计目的和产品功能要求。

二、设计调查

机电一体化产品设计是涉及多学科、多专业的复杂系统工程。开发一种新型的机电一体化产品，要消耗大量的人力、物力、财力，要想开发出市场对路的产品，进行设计调查是非常关键的。

所谓市场调查，就是运用科学的方法，系统、全面地收集有关市场需求和营销方面的有关资料，在对市场调查的基础上，通过定性的经验分析或定量的科学计算，对市场未来的不确定因素和条件作出预测，为产品开发设计决策提供依据。

以往由于缺乏设计调查，设计人员及许多单位在进行新产品设计前，都用市场调查代替设计调查。市场调查的基本目的是为制定营销策略（产品策略、价格策略、分销策略、广告和促销策略等）提供参考，解决企业产品推广、客户服务、市场开发过程中遇到的问题。

设计调查是为了设计和制造产品而进行的调查。设计任何产品，除了需要进行市场调查外，还需要考虑满足用户需要和企业生产制造的可行性。

设计调查是为了策划设计新产品而进行的调查，要调查未来的产品，这些产品在市场上可能已存在，也可能还不存在。设计调查包含了近期、眼前的目的以及长远和全局考虑。设计调查主要包含以下三个目的。

第一，设计调查眼前的目的是将设计与制造具体化，分析新产品的可行性，建立设计标准，制定设计指南、产品检验标准和测试方法。

第二，设计调查长远的目的是为规划企业和人类长远生存发展对产品所需而进行的各种有关调查。

设计调查方法包含了市场调查的各种方法，还包含了心理学的实验方法，例如：观察用户操作、用户心理实验、用户回顾记录等方法，它的典型调查方法是使用情景分析方法和用户环境分析方法，有时还采用眼动仪等测试仪器对市场进行动态分析。

设计调查的对象是用户而不是仅仅为了消费，要了解他们的使用动机、使用过程、使用结果、学习过程、操作出错及如何纠正。用户人群可以分为专家用户、普通用户、新手用户或偶然用户等。

设计调查的基本内容包括文化与传统、价值观念与期待、生活方式、设计审美、使用过程、产品可用性及高档产品的设计特征等。这些主题可以细化为大量的具体调查课题。

设计调查的内容很广泛，一般包括消费者的潜在需要、用户对现有产品的反映、产品市场寿命周期要求、竞争对手的技术挑战、技术发展的推动及社会的需要。从产品与技术开发方面看，市场与用户的需求信息是形成一项设计任务的主要因素。

（1）消费者的潜在需要。各种消费阶层，各种消费群体都会有潜在的需要，挖掘、发现这种需要，创造一种产品予以满足，是产品创新设计的出发点。20世纪50年代，日本的安藤百福看到忙碌的人们在饭店前排长队焦急地等待吃热面条，而煮一次面条需要20min左右时间。于是他经过努力创造一种用开水一泡就可以吃的方便面条，这一发明不仅解决了煮面时间长的问题，而且引发了一个巨大的方便食品市场。随着社会进步与发展，人们迫切需要加强信息交流，今天手机、电脑、网络等通信技术及产品之所以能取得巨大成功，其主要原因是有巨大的市场需求。

（2）用户对现有产品的反映。现有产品的市场反映，特别是用户的批评和期望，是设计调查的重点。桑塔纳轿车问世后，用户对制动系统、后视镜、行李舱、座椅等提出了不少意见，于是推动了桑塔纳2000、桑塔纳3000轿车的问世。波音737客机推入市场后，通过对几次空难事故的分析，才发现客机存在的问题，并作出相应的改进设计，推动了波音 747、波音 757 客机的问世。

（3）产品市场寿命周期产生的阶段要求。当已有产品进入市场寿命周期的不同阶段后，产品必须不断地进行自我调整，以适应市场。例如，四川长虹生产彩电至今已有 40 多年历史，1998 年末，当人们普遍认为该彩电已步入退让期时，厂方宣布降价，以减少利润的方式延长产品的市场寿命，并及时开发设计"纯平彩电"；2002 年厂方宣布再次降价，又开发设计出"低价格大屏幕液晶电视"。如今，一种新产品在市场上的稳定期从过去的 5 ~ 8 年降到目前的 2 ~ 3 年，某些产品如数码相机、手机、笔记本电脑等，其市场稳定期更短，这就要求产品制造商不断地进行改进，推出新技术、新机型，以保持自己的市场占有率。

（4）竞争对手的技术挑战。市场上竞争对手的产品状态和水平是企业情报工作的重心。美国福特汽车公司建有庞大的实验室，能同时解析 16 辆轿车。每当竞争对手的新车一上市，便马上购来，并在 10 天之内解析完毕，研究对方技术特点，特别是对领先于自己企业的技术作出详尽分析，使自己的产品始终保持技术领先地位。在 20 世纪 80 年代，日本照相机企业间的竞争给人以深刻印象，当时两家著名公司分别推出一种时间自动和一种光圈自动的照相机，由于各有优点，双方都很快吸取了对方照相机的特点，又都推出了同时具备两种自动功能的照相机以及数码照相机。今天数码照相机已成为人们熟悉的产品，竞争又在清晰度和价格方面展开，胶卷照相机已退出市场，数码照相机一统天下。

（5）技术发展的推动。通常新技术、新材料、新工艺对市场上老产品具有很大的冲击力。例如，等离子电视、液晶电视、LED 电视、3D 电视等新技术已替代传统模拟电视；数控机床正在逐渐替代传统的普通机床等。

（6）社会的需要。市场是社会的组成部分，很多政治、军事和社会学问题都通过市场对产品提出需求。日本开发的经济型轿车，初始并不引人注目，但是到了石油危机爆发时，这类轿车成为全世界用户的抢手货，使日本汽车工业产量一跃而成为世界第一位。电动汽车、新能源汽车将会成为今后汽车发展的方向。

目前，环境保护问题已成为全世界共同关注的问题，很多会给环境造成污染的产品发展受到限制。而像电动汽车、无氟冰箱、静音空调等绿色新产品正在不断被设计开发出来。

为了掌握市场形势和动态，必须对市场进行调查和预测，除对现有产品征求用户反映外，还应通过调查和预测为新产品开发建立决策依据。

三、初步设计

初步设计的主要任务是建立产品的功能模型，提出总体方案、投资预算，拟订实施计划等。初步设计的主要工作内容包括如下。

1. 方案设计

在机电一体化产品设计程序中，方案设计是机电一体化产品设计的前期工作，它根据功能要求先构建满足功能要求的产品设计简图，其中包括结构类型和尺寸的示意图及其相对关系。产品方案设计关键的内容是确定产品运动方案，通常又称之为机构系统设计方案。

产品运动方案通常有下列步骤。

1）进行产品功能分析。

2）确定各功能元的工作原理。

3）进行工艺动作过程分析，确定一系列执行动作。

4）选择执行机构类型，组成产品运动和机构方案。

5）根据运动方案进行数学建模。

6）通过综合评价，确定最优运动和机构方案。

在方案设计中，设计功能结构，选择功能元的工作原理、执行机构类型、组合运动和机构方案等设计步骤都孕育着创新设计，同时产品创新又紧密融合在方案设计之中。

2. 创新设计

重视产品的创新设计是增强机电一体化产品竞争力的根本途径，产品的创新设计就是通过设计人员运用创新设计理论和方法设计出结构新颖、性能优良的新产品。照搬照抄是不可能进行创新设计的，设计本身就应该具有创新。当然，创新设计本身也存在着创新多少和水平高低之分。判断创新设计的关键是新颖性，即原理新、结构新、组合方式新。

产品创新设计的内容一般应包括三个方面。

（1）功能解的创新设计。属于方案设计范畴，其中包括新功能的构思、功能分析和功能结构设计、功能的原理解创新、功能元的结构解创新、结构解组成创新等。从机电一体化产品方案创新设计角度来看，其中最核心的部分还是运动和结构方案的创新和构思。所以，有不少设计人员把运动和结构方案创新设计看作机电一体化产品创新设计的主要内容。

（2）零部件的创新设计。产品方案确定以后，产品的构形设计阶段也有不少内容可以进行创新设计，如零部件的新构形设计以提高产品工作性能、减小尺寸与减轻重量；采用新材料以提高零部件的强度、刚度和使用寿命等。所有这些都是机电产品创新设计的内容。

（3）工业艺术造型的创新设计。为了增强机电产品的竞争力，还应该对机电产品的造型、色彩、面饰等进行创新设计。工业艺术造型设计得法，可令使用者心情舒畅、爱不释手，同时也可使产品功能得到充分的体现，因此，产品艺术造型是机电产品创新设计的重要内容。

3. 概念设计

人们对于概念设计的认识和理解还在不断深入，不论哪一类设计，它的前期工作均可统称为概念设计。例如，很多汽车展览会展示出概念车，它就是用样车的形式体现设计者的设计理念和设计思想、展示汽车的设计方案。一座闻名于世的建筑，它的建筑效果图就体现出建筑师的设计理念和建筑功能表达，是属于概念设计范畴。

概念设计是设计的前期工作过程，概念设计的结果是产生设计方案。但是，概念设计不只局限于方案设计，还应包括设计人员对设计任务的理解，设计灵感的表达，设计理念的发挥，概念设计应充分体现设计人员的智慧和经验。概念设计后期工作较多的注意力集中在构思功能结构、选择功能工作原理和确定运动方案等，与传统的方案设计没有多大区别。

由上述介绍可见，概念设计比方案设计更加广泛、深入，因此，概念设计包容了方案设计内容，同时，应该看到概念设计的核心是创新设计，概念设计是广泛意义上的创新设计。

一个好的机电一体化产品设计方案，不仅能带来技术上的创新、功能上的突破，还能带来制造过程的简化、使用上方便以及经济上的效益。在初步设计过程，要对多种方案进行分析、比较、筛选。如机械技术和电子技术的运用对比，硬件和软件的分析、择优和综合，最后，在多个可行方案中找出一个最优方案。

四、技术设计

技术设计又称详细设计，主要是对系统总体方案进行具体实施步骤的设计，其依据的是总体方案框架。从技术上将其细节逐步全部展开，直至完成试制产品样机所需的全部技术工作（包括图样和文档）。

机电一体化产品的技术设计主要包括机械本体设计、机械传动系统设计、传感器与检测系统设计、接口设计和控制系统设计等。

1. 机械本体设计

在对机械本体进行设计时，要尽量采用新的设计和制造方法，如结构优化设计、动态设计、虚拟设计、可靠性设计、绿色设计等，采用绿色制造、快速制造、激光加工等先进制造技术等，以提高关键零部件的可靠性和精度；研究开发新型复合材料，以便使机械结构减轻重量、缩小体积，以改善结构快速响应特性；通过零部件的标准化、系列化、模块化来提高其设计、制造和维修的水平；使新设计的机械本体不但强度高、刚度好，而且经济美观。

2. 机械传动系统设计

机械传动的主功能是完成机械运动，严格地说，机械传动还应该包括液压传动、气动传动等其他形式的机械传动。一部机器必须完成相互协调的若干机械运动，每个机械运动可由单独的电动机驱动、液压驱动、气动驱动，也可以通过传动件和执行机构由它们相互协调驱动。在机电一体化产品设计中这些机械运动通常是由电气控制系统来协调与控制的。这就要求在机械传动设计时充分考虑到传动控制问题。

机电一体化系统中的机械传动装置，已不仅是变换转速和转矩的变换器，而且还要成为伺服系统的组成部分，根据伺服控制的要求来进行选择设计。虽然近年来，由控制电动机直接驱动负载的"直接驱动"技术得到很大的发展，但是对于低转速、大转矩传动目前还不能取消传动链。机电一体化系统中的传动链还需满足小型、轻量、高速、低冲击振动、低噪声和高可靠性等要求。传动的主要性能取决于传动类型、传动方式、传动精度、动态特性及可靠性等。

3. 传感器与检测系统设计

传感器在机电一体化系统中是不可缺少的组成部分，它是整个系统的感觉器官，监视监测着整个系统的工作过程，使其保持最佳工作状况。在闭环伺服系统中，传感器又用作位置环的检测反馈元件，其性能直接影响到系统的运动性能、控制精度和智能水平，因而要求传感器灵敏度高、动态特性好、稳定可靠、抗干扰性强等。

传感器的种类很多，在机电一体化系统中，传感器主要用于检测位移、速度、加速度、运动轨迹以及加工过程参数等。

按照传感器的作用，可分为检测机电一体化系统内部状态信息的传感器和外部信息的传感器。内部信息传感器包括检测位置、速度、力、力矩、温度以及异常变换的传感器。外部信息传感器包括视觉传感器、触觉传感器、力觉传感器、接近觉传感器、角度觉传感器等。

传感器的基本参数为量程、灵敏度、静态精度和动态精度等。在传感器设计选型时，应根据实际需要，确定其主要性能参数。一般选用传感器时，主要考虑的因素是精度和成本，应根据实际要求合理确定传感器静态、动态精度和成本的关系。

4. 接口设计

机电一体化系统由许多要素或子系统构成，各要素和子系统之间必须能顺利进行物质、能量和信息的传递与交换，为此，各要素和各子系统相接处必须具备一定的联系条件，这些联系条件称为接口。

机电一体化系统是机械、电子和信息等功能各异技术融为一体的综合系统，其构成要素或子系统之间的接口极为重要，某种意义上讲，机电一体化系统设计就是接口设计。

机械本体各部件之间、执行元件与执行机构之间、传感器检测元件与执行机构之间通常是机械接口；电子电路模块相互之间的是信号传送接口、控制器与传感器之间的是转换接口，控制器与执行元件之间的转换接口通常是电气接口。根据接口用途的不同，又有硬件接口和软件接口之分。

5. 控制系统设计

机电一体化传动控制，又称电气传动控制，它的基本目的是通过对其控制完成产品功能要求。现代机电一体化传动控制是由各种传感与检测元件、信息处理元件和控制元件组成的自动控制系统。

机电一体化控制包含继电接触器控制、顺序控制器控制、可编程序控制（PLC）、单片机控制、数字控制技术等。当今的机电一体化控制技术是微电子、电力电子、计算机、信息处理、通信、检测、过程控制、伺服传动、精密机械及自动控制等多种技术相互交叉、相互渗透、有机结合而成的一种机电一体化综合性技术。

控制系统设计包括硬件设计和软件设计，其一般设计步骤如下。

（1）制订控制系统总体方案。控制总体方案应包括选择控制方式、传感器、执行机构和计算机系统等，最后画出整个系统方案图。

（2）选择控制元件。选择的控制元件应是主流产品，市场有售，另外尽量选择那些自己比较熟悉的控制元件。

（3）硬件系统设计。画出电路原理图，目前有多种电子电路 CAD 软件可供选用，画好后可通过打字机或绘图机输出。

（4）微控制器软件设计。单片机控制系统软件一般可分为系统软件和应用软件两大类。系统软件不是必需的，根据系统复杂程度，可以没有系统软件，但应用软件则是必需的，要由设计人员自己编写。

（5）调试。控制系统制作完成后，即可进入调试阶段。调试工作的主要任务是排除样机故障，其中包括设计错误和工艺性故障。

第三节　总体方案设计

机电一体化系统总体方案设计主要包括设计任务抽象化、确定工艺原理、确定功能结构、确定设计方案、总体设计、传动与执行系统方案设计、电气驱动与控制系统方案设计、方案评价与决策等。系统总体方案设计是机电一体化产品创新与质量保证的首要环节，也是最具创造性和综合性的设计环节。

一、设计任务抽象化

待设计的机电一体化产品，求解前如同仅知其输入量和输出量而不知其内部结构的一个"黑箱子"。用"黑箱"概念来表达技术过程的任务范围，是一种把设计任务抽象化的方法。它不需要涉及具体的解决方案就能知道所设计过程的主要矛盾，使设计者的视野更为宽广，思维不受某些框框的束缚。

图 2-1 为一般的黑箱示意图，方框内部为待设计的技术系统，方框即为系统的边界，通过输入量和输出量使系统和环境连接起来。输入和输出量一般包括物料量（毛坯、半成品、成品、颗粒、液体等各种物品）、能量（机械能、热能、电能、化学能、光能、核能等）和信息量（数据、测量值、指示值、控制信号、波形等）。

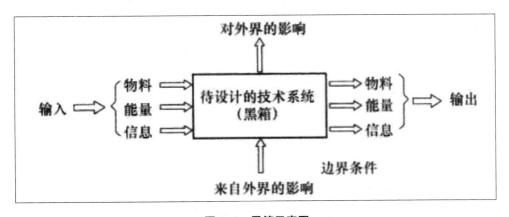

图 2-1　黑箱示意图

黑箱法有利于抓住问题本质，提出新颖的设计方案。图 2-2 为金属切削机床黑箱示意图。图中左右两边输入和输出都有能量、物料和信号 3 种形式，图下方为周围环境对机床工作性能的干扰，图上方为机床工作时，对周围环境的影响，如散发热量、产生振动和噪声。通过输入、输出的转换，得到机床的总功能是将毛坯加工成所需零件。

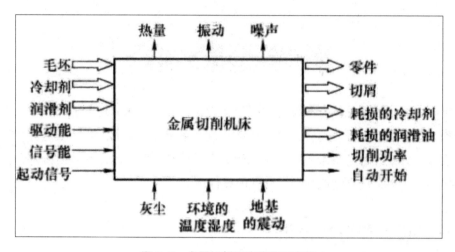

图 2-2　金属切削机床黑箱示意图

二、确定工艺原理

为了打开黑箱探求究竟，必须确定出黑箱要求能实现作业对象转化的工艺原理。作业对象的每一种转化一般都可以由多种不同的工艺原理来实现。例如，圆柱齿轮的切齿加工，可以通过采用滚、插、刨、铣等不同工艺原理来实现。

工艺原理实现后，工艺过程中各项作业的基本顺序往往也随之确定。不同的工艺原理将使机械系统获得不同的经济效益。因此，在设计时，应从各种可行的工艺方案中选择最佳的工艺原理。

工艺原理是以物理、化学、生物等自然现象为基础的，设计者应从不断的科学实践中去寻找工艺原理。

例如，图 2-3 所示自走式谷物联合收获机黑箱示意图所给出的转化，它可以通过下列的工艺原理实现。

1）用切刀将农作物茎秆切断。

2）将切下的农作物茎秆通过冲击、搓擦和挤压作用使谷粒与谷穗分离。

3）利用振动、重力、气流将谷粒、茎秆、颖壳和杂物等分离，清选出谷粒。

简单的机电一体化系统可能采用某一种工艺原理就能实现作业对象的转化，但是对于复杂的系统往往需要多种工艺原理才能完成作业对象的转化。

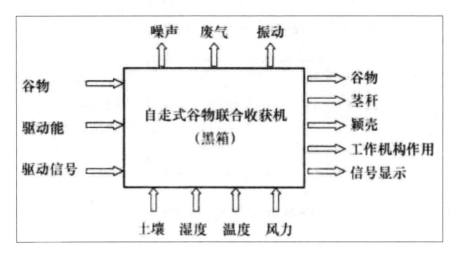

图 2-3 自走式谷物联合收获机黑箱示意图

三、确定功能结构

功能是系统的属性，它表明了系统的效能以及实现能量、物料、信息转换和传递的方式。对于一些复杂的系统，其总功能包含着很多分功能，为便于分析和研究，常需要进行功能分解。如对某个具体的技术系统，总功能需分解到何种程度，取决于在那个层次上能找到相应的物理、化学、生物技术效应及其对应的结构来实现其功能要求。

对于复杂的技术系统往往要将其总功能分解为若干级分功能，有的甚至要分解到最后不能再分解的基本单位——功能元。同级分功能组合起来应能满足上一级分功能的要求，最后组合成的整体应能满足总功能的要求。这种功能的分解和组合称功能结构。

某洗衣机功能结构如图 2-4 所示。洗衣机的总功能是洗涤衣物，包括容纳衣物和水、搅动衣物和水、控制和定时、脱水和排水、动力供应和转换，机械系统连接和支承等，这些是构建功能结构的雏形。然后，进一步考虑在实现各分功能时还需要满足哪些要求，如洗涤时间需要调节、洗涤方式需要调节、输入能量的大小需要调节、各测量值需要放大、超负荷安全保护等。洗衣机的黑箱示意图、功能及功能元的划分、功能结构图分别如图 2-4a、b、c 所示。

自动洗衣机由若干个子系统组成，如洗涤系统、甩干系统、传动系统、控制系统、支承系统等。如果将这些子系统的功能结构都详细表示在一张图上，不仅绘图困难，而且也显得杂乱。因此，可将各子系统分别单独绘制其功能结构图。在绘制过程中，还应与功能相似的洗衣机的子系统进行比较，使复杂的问题得以简化。

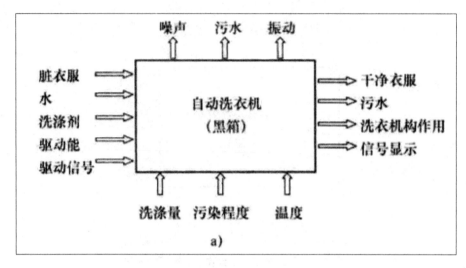

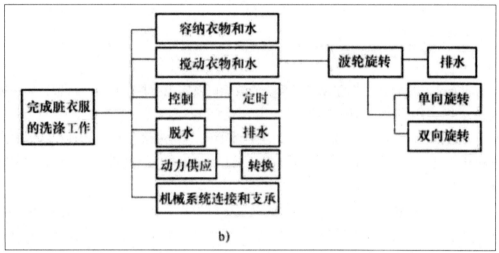

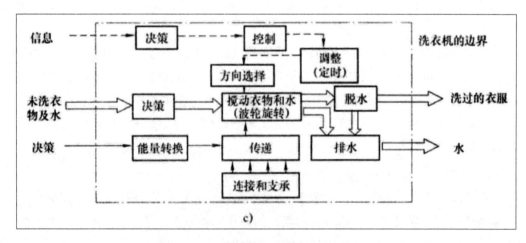

图 2-4　某洗衣机功能结构的确立

a）洗衣机黑箱示意图；b）功能及功能元划分；c）结构功能图

四、确定设计方案

1. 寻找实现分功能的技术效应和功能载体

物理学、化学、生物学等中的一些原理，都是一种抽象的普遍现象和规律，将这些原理通过一定的结构形式在工程上加以应用，就形成了所谓的技术效应。本节主要讨论技术物理效应。

例如，力平衡是物理学原理，而根据力平衡原理导出的杠杆系、滑轮组等就属于技术物理效应，实现技术物理效应的具体构件，如杠杆、滑轮、支承等，即为功能载体。如果对每个分功能都找出其相应的技术物理效应和确定出功能载体，就可以组成具体的设计方案。

一种技术物理效应可以实现多项功能，同理，一项功能也可由多种技术物理效应来实现。因此，在寻求技术物理效应时，应针对分功能的要求尽可能地多提出几种物理效应，开阔思路。这有助于评价决策，并获得令人满意的结果。

2. 功能载体的组合

若已找出了实现各分功能的技术物理效应和功能载体，再能把这些功能载体根据功能结构进行合理组合，就可得到实现总功能的总体方案。在进行方案构思时，利用形态学方法建立形态学矩阵，对开拓思路、探求科学合理的创新方案是很有效的。

在形态学矩阵中将系统的各个分功能作为目标标记，分功能的各种解法列为目标特征。第 1 列 F_1、F_2、…、F_m 代表有 m 个分功能，对应于每个分功能的行代表该分功能解法，如 J_{11}、J_{12}、…、J_{1n1} 代表分功能 F_1 有 n_1 个解，J_{21}、J_{22}、…、J_{2n2} 代表分功能 F_2 有 n_2 个解，依此类推。从每个分功能解法中取出一个解，并按功能结构图中的次序进行组合，即可获得一个全部分功能的原理组合，例如 J_{11}—J_{23}—…—J_{m2}，J_{13}—J_{22}—…—J_{m1} 等，都是可能的原理组合。理论上按形态学矩阵可以获得的原理组合总数 N 为

$$N = n_1 n_2 n_3 \cdots n_m \quad (2-1)$$

在运用形态矩阵对功能复杂的系统进行求解时，如果所采用的形态矩阵系统过于庞大，这时可先将各分功能形态学矩阵建立起来，即局部方案先设计出来，然后再综合为整体方案。

通过形态学矩阵虽然可以得到许多方案，但不是所有方案都具有实际意义，也不是所有的结构元件都能互相匹配和适应。所以在组合时从一开始就应舍弃掉一些明显不合理或意义不大的方案，把精力集中在那些合理的、可行的组合上。然后从物理原理上的相容性、技术经济效益、功率、速度、尺寸等功能参数方面对这些方案进行复核、检验、评审，从中选出少数几个好的候选方案。

3. 确定基本结构布局

通常虽然已经确定了功能载体的组合关系，但仍会停留在功能性关系中，这是因为结构元件在空间的相互位置上是可以进行不同处理的，即用同一分功能载体也可以构成不同的结构布局，从而可得到不同的总体设计方案。

图 2-5 为功能元件结构数目变化而导出的四种内燃机设计方案，图 2-5a、b、c、d 所示依次为单缸、双缸、三缸、七缸内燃机。

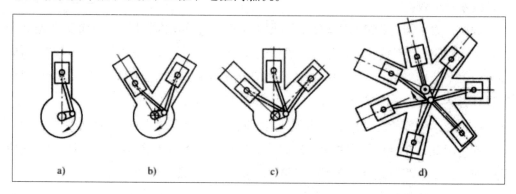

图 2-5　功能元件结构数目变化而导出的四种内燃机设计方案

图 2-6 为在无心磨床上实现从储存仓到工件放取器的运送工件功能，通过运动类型变化导出了三种不同的设计方案。其中图 2-6a 的运送功能件机械手采用接送，图 2-6b 的运送功能件顶块采用移动，图 2-6c 的运送功能件带槽转盘采用转动，图 2-6d 则利用四杆机构的连杆作刚体导引即采用平面运动方式。

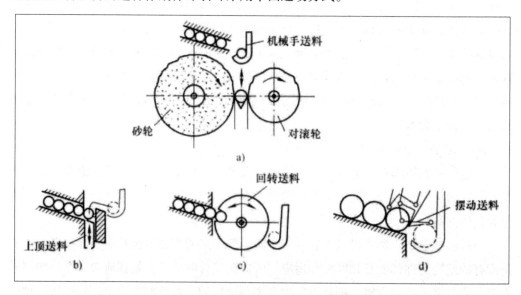

图 2-6　在无心磨床上实现从储存仓到工件放取器的运送工件功能

图 2-7 为用三种不同的材料制作的夹子。选用不同的工程材料，往往同时伴随着

加工工艺的变化。由于三种材料性能相差很大，因此，其结构形状相差甚远。

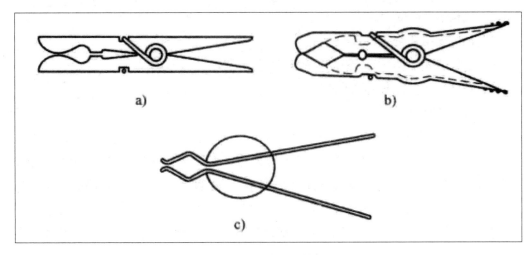

图 2-7　用三种不同的材料制作的夹子

a）木材；b）塑料；c）金属

由上述可见，不同布局就会有不同的总体设计方案，它们的技术效果也不相同。

五、总体设计

产品的使用性能、尺寸、外形、重量、生产成本等都与总体设计有着密切关系。同时，由于所设计产品不是一个孤立的系统，它必将和其他外部系统发生联系，例如人机系统、环境系统、加工装配系统、管理系统等。所以，总体设计时必须扩大系统范围，使整个机电一体化系统与其他相关系统相适应，使产品臻于完善。

1. 初步总体设计

初步总体设计的主要任务是根据设计方案绘制总体布置草图。为了确定各子系统的基本结构和形式，进行构型设计、初步计算和运动分析，应在草图上仔细布置各部件和确定出它们的相对位置和尺寸，并对整机进行必要的工作能力计算和性能预测，以确保性能指标的实现。若不能满足要求则应随时调整，必要时应对方案中的关键技术系统进行实验研究。完成总体布置草图后，不仅确定了整机的布置形式和主要尺寸，而且也基本上确定了各部件的基本形式和特性参数。

2. 总体设计

总体设计的任务主要是对已确定的初步总体设计进一步完善，进行结构设计和有关的计算。在总体设计过程中，应逐渐形成下列技术文件和有关图样。

1）设计任务书和技术任务书。

2）机构运动简图和系统简图。

3）总装配图及关键部件装配图。

4）电气、光学、气动、液压控制原理图。

5）总体设计报告书及技术说明书。

3. 总体布置设计

机电一体化系统总体布置十分重要，总体布置就是探求它们之间最合理相互位置和相关尺寸。总体布置必须以全局观点为立足点，不仅要考虑机电一体化系统的内部因素，还应考虑人机关系、环境条件等外部因素。按照简单、合理、经济的原则，妥善确定系统中各零部件、元器件之间的相对位置和运动关系。总体布置时一般总是先布置执行系统，然后再布置传动系统、操纵系统、控制系统及支承形式等。通常都是从粗到细、由简到繁，需反复多次修改后确定。

总体布置设计的基本要求。

（1）保证工艺过程的连续和流畅。系统中的各零部件即使设计和制造得都很好，如果布置得不合理，导致工作不协调，也不会获得良好的系统性能。

例如，一台糖果包装机要经过多道工序才能包装好糖果，其工作部件位置的配置将直接影响到操作流畅性和生产率。特别是对那些工作条件恶劣及复杂的机械，还应考虑零部件的惯性力、弹性变形以及过载特性等。但是，无论在何种情况下，都应保证前、后作业工序的连续和流畅，能量流、物料流、信息流的流动途径合理，不产生阻塞和干涉。

例如，若汽车的货厢与驾驶室后壁之间的间隙过小，当汽车在行驶中紧急制动时就可能引起货厢与驾驶室互相撞击和摩擦；若汽车的货厢与驾驶室后壁之间的间隙过大，又会增加汽车的长度。

（2）降低质心高度、减小偏置，提高工作稳定性。机械系统应能平衡稳定地工作。如果设备的质心过高或偏置过大，则可能因干扰力矩的增大而造成倾倒或加剧振动。所以在总体布置设计时，在条件允许的情况下，应采用对称布置、减少偏置、降低质心高度，从而提高工作稳定性，如汽车、拖拉机、叉车等前后轴载荷的分配、纵横向的稳定性及附着性布置等。有些机械系统在完成不同作业或工况改变时，整机质心位置可能改变。所以在总体布置时应考虑到这种情况，要留有放置配重的位置。

（3）保证机械系统的精度指标。对于一些精密设备而言，系统精度指标通常是由零部件精度决定的，精度又分为几何精度、尺寸精度、位置精度、静态精度与动态精度等。在总体布置时要尽可能地简化；对传动系统而言，可以通过合理地安排传动机构的顺序及恰当地分配各级的传动比来保证机械系统精度。

机械的刚度不足及抗震性能不好，也会使机械系统不能正常工作或使其精度降低。为此，在总体布置时，应重视提高其刚度及抗震能力。例如，为提高机床的刚度，采用框架式（龙门刨床）结构的布置方案；为提高汽车车架的扭转刚度，采取在横梁上加装横梁的措施等。

（4）充分考虑产品标准化、系列化、通用化和今后发展的要求。应当指出，产品内部大量地采用标准化零件后，不会限制设计者的创造力，相反可减少设计工作量，使设计者腾出时间集中精力从事改进和设计新产品的工作。

设计产品时不仅要考虑到标准化问题，还应考虑系列化、通用化设计问题，以及今后产品改进设计、更新换代、组成生产线等可能性问题。

（5）结构紧凑、层次分明。紧凑的结构不仅可节省空间，往往还会带来良好的造型条件。例如，把电动机、传动部件、操作控制部件等安装在支承件的内部。为减小占地面积，可以用立式布置代替卧式布置等。

（6）操作、调整、维修简便。为改善劳动条件，应力求操作方便、舒适。在总体布置时应使操作位置、修理位置合理，尽量减少信息源的数目，使操作、检测、调整、维修方便和省力。操纵部件要适应人的生理要求，显示装置应根据人的视觉特征来布置。

（7）造型美观、装饰宜人。产品投入市场后给人们的第一个直感印象是其外观、造型和色彩。它是产品的功能、结构、工艺、材料和外观形象的综合表现，是科学和艺术的结合。产品的外形应具备结构新颖、配置匀称、变化有致、布局协调、色彩和谐。这些都有利于操作者的心情舒畅、减轻烦躁情绪及产生不必要的误动作，对提高生产率及操作可靠性非常有利。

（8）总体布置示例。总体布置的任务是确定所设计产品各部件位置及控制各部分的尺寸和重量，使载荷分配合理。布置操纵机构及驾驶员座位，校核运动零部件的运动空间，排除干涉。

图 2-8 的装载机主要是装载散状物料，并将物料卸入自卸卡车或将物料直接运往卸料地点，装载机有时也承担轻度的铲掘、推土和修整场地等作业。为完成上述工作，现代装载机一般是将铲斗及工作装置安装在最前端。

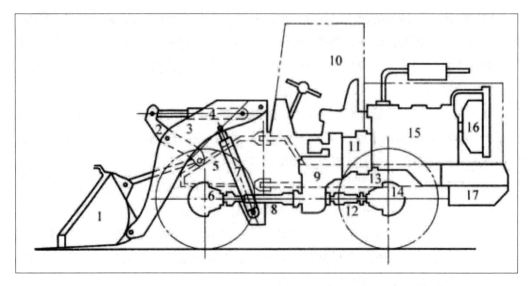

图 2-8 轮式装载机总体布置

1—铲斗 2—摇臂 3—动臂 4—转斗液压缸 5—前车架 6—前桥 7—动臂液压缸 8—前传动轴总成

9—变速器 10—驾驶室 11—变扭器传动轴总成 12—后传动轴总成 13—后车架 14—后桥 15—发动机

16—水箱 17—配重

发动机布置在装载机后部，起到配重作用，有利于提高稳定性。发动机的输出端接液力变矩器，再通过万向联轴器和传动轴与前后驱动桥相连。驾驶室布置在工作装置之后的中部。位置应尽量向前，使前方视野开阔，利于作业准确。

为了保证装载机作业的稳定性，使铲斗与料堆相对位置准确，现代装载机不安装弹性悬架，但为防止在凹凸地上行驶时出现车轮悬空现象，使一个驱动桥能上下摆动，即将驱动架铰接于车架上。绝大多数装载机采用四轮驱动，以提高牵引力和能在恶劣地面上行驶。工作装置多采用液压传动。

4. 主要技术参数的确定

总体参数能够反映出该机电一体化系统的概貌和特点，是总体设计和零、部件设计时的依据。总体技术参数主要是指作业对象的使用范围、生产能力、结构尺寸、重量参数、功率参数、总体结构参数等。不同的机电一体化系统其技术参数是不相同的。对于机床，主要是规格参数、运动参数、动力参数和结构参数；对于仪器，主要是测量范围、示值范围、放大倍数、焦距、灵敏度等。

总体参数的初步确定，可采用理论计算法、经验公式法、相似类比法和优化设计法。本章主要介绍理论计算法。

根据拟订的产品原理方案，在理论分析与试验基础上进行分析计算，确定总体参数。

（1）生产率 Q。机械设备的理论生产率是指设计生产能力。在单位时间内完成的产品数量，就是机械设备的生产率。设加工一个工件或装配一个组件所需的循环时间 T 为

$T=tg+tf$（2-2）

式中 T——为在设备上加工一个工件的循环时间或称工作周期时间；

tg——工作时间，指直接用在加工或装配一个工件的时间；

tf——辅助工作时间，指在一个循环内除去工作消耗时间外，所剩下的时间，如上下

料、夹紧和移位、间歇等所消耗的时间。

设备的生产率 Q 为

$Q=1/T=1/(tg+tf)$（2-3）

设备的生产率 Q 的单位由工件计量和计时单位而定，常用的单位有：件 /h、m/min、m2/min、m2/h、kg/min 等。

（2）结构尺寸。主要是指能影响机械性能的一些重要的结构尺寸，如总体极限尺寸（长、宽、高及可移动的极限位置和尺寸）、特性尺寸（加工范围、中心高度）、运动零部件的工作行程以及主要零部件之间位置关系与安装尺寸等。

尺寸参数根据设计任务书中的原始参数、方案设计时的总体布置草图、同类机械系统的类比或通过理论分析后确定。

图 2-9 的颚式破碎机的钳角 α 是通过力的分析计算后确定的。当破碎机工作时，夹在颚腔内的物料将受到颚板给它的压力 $Fn1$ 和 $Fn2$ 的作用，方向与两颚板垂直。设物料与颚板之间的摩擦因数为 μ，物料与颚板接触处产生的摩擦力 $F1=\mu Fn1$ 及 $F2=\mu Fn2$，由于物料重力 $W \ll Fn1$、$W \ll Fn2$，故 W 可忽略不计。

当物料被夹在颚腔内而不被推出腔外时，各力必达到平衡。列平衡方程式为

$$\left.\begin{array}{l} \sum x = 0, \quad F_{n1} - F_{n2}\cos\alpha - F_{n2}\sin\alpha = 0 \\ \sum y = 0, \quad -\mu F_{n1} - \mu F_{n1}\cos\alpha + F_{n2}\sin\alpha = 0 \end{array}\right\}$$

（2-4）

解得

$$\tan\alpha = \frac{2\mu}{1-\mu^2}$$

又 $\mu = \tan\phi$，ϕ 为摩擦角，故可得到

$$\tan \alpha = \frac{2\tan \varphi}{1-\tan^2 \varphi}$$

（2-5）

为使破碎机工作可靠，应使 $\alpha \leqslant 2\phi$。摩擦因数 μ =0.2 ~ 0.3，故钳角的最大值为 22° ~ 33°。实际物料粒度可能差别较大，为防止楔塞，故在颚式破碎机设计中一般取钳角 α 为33°。

（3）重量参数。重量参数包括整机重力、各主要部件重力、重心位置等。它反映了整机的品质，如自重与载重之比、生产能力与机重之比等。重心位置反映了机器的稳定性及车轮轮压分布等问题。

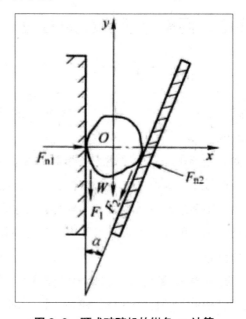

图 2-9　颚式破碎机的钳角 α 计算

对于走行机械如履带式装载机的重力，主要根据作业时所需的牵引力来确定，同时必须满足地面附着条件和作业、行走稳定性要求，否则机器行走时将产生打滑或倾翻。

机器提供的最大牵引力必须克服工作阻力和总的行走阻力，其表达式为

$$F_{\max} = K[F_n + G（\Omega \pm \beta + \frac{a}{g}）]$$

（2-6）

式中 K——动载系数；

Fn——工作阻力（N）；

G——机器重力（N）；

Ω——履带运行阻力系数；

β——爬坡度系数，β 前的 +、- 号，上坡取"+"，下坡取"-"；

a——行走加速度（m/s2）；

g——重力加速度（m/s2）；

Fmax——最大牵引力（N）。

同时满足

Fmax≤GΨ

式中 Ψ——履带与工作面间的附着系数。

（4）运动参数、力能参数

1）运动参数。机械的运动参数有移动速度、加速度和调速范围等，主要取决于工艺要求，如吊运液体金属容器，要精确定位大型件的吊装设备，要求速度低而平稳。一般情况是希望速度尽可能地块，但是通常会受到惯性、振动、定位精度、结构、制造和装配水平以及新技术应用程度等的影响和限制。

同类设备的速度水平相差很大，如线材轧机的轧制线速度由每秒几米直到每秒一百多米。对于一些高速机械更是如此，如电子制造用的贴片机，目前贴片速度从3000 ~ 60000 片 /h，相差 20 倍。由于所贴元件不同，存在着一个最佳的速度问题。一般总是在满足工艺要求下尽可能缩短工作时间，以便提高生产率。速度变化范围是为了适应不同品种和工况的要求而设置的。

工作速度常由生产率确定，如带式连续输送机，带的运动速度 v 可由下式确定

$$v = \frac{Q}{3600SpC} \quad (2-7)$$

式中 v——带的运动速度（m/s）；

Q——带式输送机的理论生产率（t/h）；

S——被运物料在输送带上的堆积面积（m2）；

ρ——散粒物料的堆积密度（t/m3）；

C——倾角系数，当水平时 C 为 1，倾角为 20℃时为 0.82。

2）力能参数。力能参数包括承载力（成形力、破碎力、运行阻力、挖掘力）和原动机功率。工作装置是载荷直接作用的构件，力参数是其设计计算的依据，也是力学性能的主要标志，如 30000kN 水压机。

①承载力（机器的作用力）。大部分材料输送操作中，机器载荷由加速工件的惯性力载荷、移动工件的摩擦力载荷或材料提升的重力载荷组合而成。而对成形机械、加工机械主要需求的力是用于材料成形或切削加工的。下面介绍切削力的计算。

车削外圆时的切削力如图 2-10 所示。主切削力 F_c 与切削速度 v_c 的方向一致，且垂直向下，这是计算车床主轴电动机切削功率的依据；背向切削力 F_p 与进给方向（即

工件轴线方向）垂直，对加工精度的影响较大；进给切削力 Ff 与进给方向平行且指向相反。

在上述三个分力中，*Fc* 值最大，*Fp* 约为（0.15 ~ 0.7）*Fc*，*Ff* 约为（0.1-0.6）*Fc*。

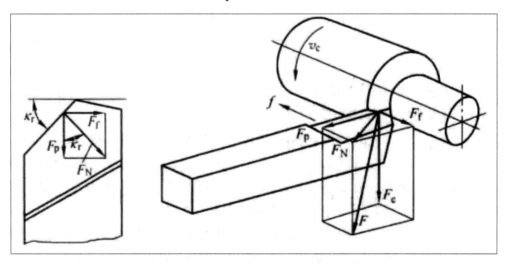

图 2-10　切削力的分析

单位切削面积上的切削力称为单位切削力，用 *Ke*（N/mm2）表示

$$K_e = \frac{F_e}{A_D} = \frac{F_e}{a_p f} = \frac{F_e}{h_D b_D}$$

（2-8）

式中 *Fe*——主切削力（N）；

AD——切削层基本横截面积（mm2）；

ap——背吃刀量（mm）；

f——每转进给量（mm/r）；

hD——切削层基本厚度（mm）；

bD——切削层基本宽度（mm）。

若已知单位切削力 Ke，则可通过式（2-8）计算主切削力 *Fe*。

②原动机功率。原动机功率反映了机械的动力级别，它与其他参数有函数关系，常是机械分级的标志，也是机械中各零、部件的尺寸（如轴和丝杠的直径、齿轮的模数等）设计计算的依据。

机器需要的输出功率等于机器工作的动力加上所损耗的动力。大部分机器载荷是力（转矩）以某速度作用一段距离（角度）。如果使用重量大、速度高的工作头，则在载荷中要考虑惯性分量的作用。

如图 2-11 所示，机器输出功率 *Pout*，是由一固定力 *F* 在 Δ*t* 时间内作用一段线性

距离 Δx，此种运动如同一个液压臂弯曲金属板。机器输出的功率可表示为

$$P_{out} = F\frac{\triangle x}{\triangle t} = Fv$$
（2-9）

式中 v——臂的速度（m/s）。

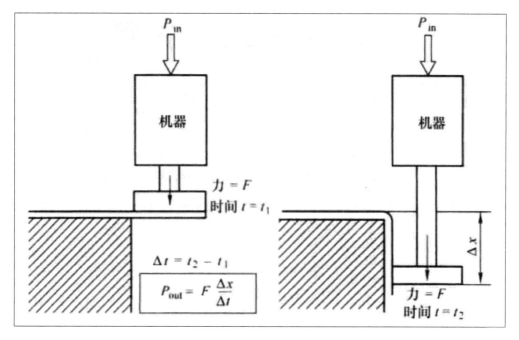

图 2-11　机器线性位移输出的动力所做的有用功

图 2-12 表示固定转矩 T 在瞬间 Δt 作用一个角度 $\Delta \theta$ 时机器之输出功率 $Pout$。此种功率出现在铣刀切削加工时，通常考虑机器在刀具轴的输出为转矩，它可用刀具的切削力与力臂来表示。此种机器的输出功率 $Pout$ 为

$$P_{out} = T\frac{\triangle \theta}{\triangle t} = Tw$$
（2-10）

式中 T——转矩（N·m）；

　　$\Delta \theta$——轴输出的角位移（rad）；

　　ω——轴输出的角速度（rad/s）。

（5）总体结构参数。总体结构参数包括主要结构尺寸和作业位置尺寸。主要结构尺寸由整机外形尺寸和主要组成部分的外形尺寸综合而成。机械外形尺寸受安装、使用空间、包装和运输要求限制，如机壳、特厚板轧机等都要考虑运输要求，必要时可采用现场组装。作业位置尺寸是机器在作业过程中为了适应工作条件要求所需的尺寸。如工作装置尺寸、最大工作行程等，是机械工作范围和主要性能的重要标志，它们可

以是生产钢管的最大直径、工具的尺寸等，例如 500t 油压机。有些设计关键基础尺寸也可作尺寸参数，如钢丝绳直径、曲率半径、车轮直径、皮带宽度等。

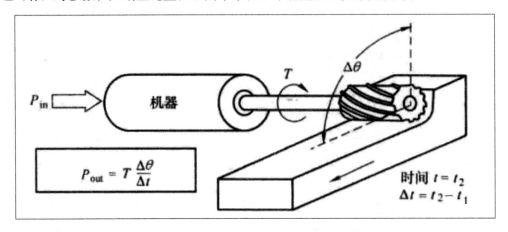

$$P_{out} = T \frac{\Delta \theta}{\Delta t}$$

$$t = t_2$$
$$\Delta t = t_2 - t_1$$

图 2-12 机器输出为转动时动力所做的有用功

总体参数的确定，除根据产品尺寸及工艺要求分析计算外，还要进行参数优化计算。

第三章　机械传动系统设计

机械传动系统设计是机电一体化系统设计的重要环节。机电一体化系统设计要求通过对机械传动方式、结构、强度、材料、精度等问题的研究，使设计的机械系统具有体积小、重量轻、刚度好、精度高、速度快、动作灵活、价格便宜、安全、可靠等特点。

机械传动系统包含的内容很多，本章重点介绍齿轮传动、带传动、螺旋传动、间隙传动、轴、轴承等内容。

第一节　机械传动和支承机构的功能及设计要求

机电一体化系统常用的机械传动和支承机构主要包括齿轮传动、带传动、螺旋传动、间隙传动、轴、轴承、导轨、机座等，其主要功能是传递转矩、转速和支承，实质上它们是转矩、转速变换装置。

机械传动和支承机构的类型、方式、刚性以及可靠性对机电一体化系统的精度、稳定性和快速响应性有着直接影响。因此，在机电一体化系统设计过程中应选择传动间隙小、精度高、体积小、重量轻、运动平稳、传递转矩大的机械传动和支承机构。

机电一体化系统中所用的传动和支承机构及其功能见表3-1。从表中看出，一种传动和支承机构可同时满足一项或几项功能要求。如齿轮齿条传动既可以将直线运动转换为回转运动，又可以将回转运动转化为直线运动；带传动、蜗轮蜗杆传动及各类齿轮减速器不但可以变速，也可改变转矩。

表 3-1　机电一体化系统中所用的传动和支承机构及其功能

基本功能　　　　传动和支承机构	运动的变换				动力的变换	
	形式	行程	方向	速度	大小	形式
丝杠螺母	○				○	○
齿轮			○	○	○	
齿轮齿条	○					○
链轮、链条	○					

带、带轮			○	○		
杠杆机构	○	○		○	○	○
连杆机构		○		○	○	
凸轮机构	○	○	○	○		
摩擦轮			○	○	○	
万向节			○			
软轴			○			
蜗轮蜗杆			○	○	○	
间隙机构	○					
轴			○	○	○	○
轴承			○	○	○	○
导轨						○
机座						○

注：○表示具备此项功能。

随着机电一体化技术的发展，要求传动和支承机构不断适应新技术要求。具体有三个方面。

1）精密化——对于某种特定的机电一体化产品来说，应根据其性能要求提出适当的精密度要求，虽然不是越精密越好，但要适应产品定位精度等性能的要求。

2）高速化——产品工作效率的高低，与机械传动部分的运动速度直接相关。因此，机械传动机构应能适应高速运动的要求。

3）小型化、轻量化——随着机电一体化系统（或产品）精密化、高速化发展，必然要求其传动机构小型化、轻量化，以提高机构运动灵敏度（响应性）、减小冲击、降低能耗。

第二节　齿轮传动的设计与选择

一、齿轮传动分类与特点

齿轮传动是利用齿的廓形互相啮合来传递运动和动力的一种机械传动，在机电一体化产品中应用广泛。

1. 齿轮传动分类

齿轮分类可以按照传动轴的相对位置、工作条件、齿廓曲线三种方式进行分类。

（1）按传动轴相对位置分类

齿轮传动按传动轴相对位置分类如图 3-1 所示。

1）平面齿轮传动：传动时两轴相互平行，两齿轮各点的运动平面也相互平行；当角速度为常数时，齿轮必为圆柱形，故称圆柱形齿轮。圆柱齿轮上的齿排列在圆柱体表面上，依据齿相对于轴线的位置，又可分为直齿圆柱齿轮、斜齿圆柱齿轮。轮齿沿圆周排列在圆柱体外表面的齿轮称外啮合齿轮，齿轮沿圆周排列在圆筒内表面的齿轮称内啮合齿轮，齿轮沿直线排列在平面上的齿轮称齿条。

2）空间齿轮传动：其相对运动为空间运动，故称为空间齿轮传动。可分为两轴相交（多数为垂直相交）的，称锥齿轮传动；两轴不平行不相交的，称为螺旋齿轮传动；两轴在空间垂直不相交的，称为蜗杆蜗轮传动。

（2）按工作条件分类

1）开式传动：没有防尘罩或机罩，齿轮完全暴露在外面，灰尘、杂物易进入，且不能保证良好的润滑，所以轮齿极易磨损。该传动类型一般只用于低速传动及不重要的场合。

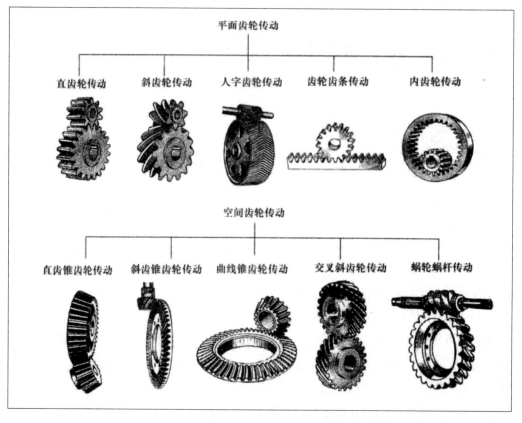

图 3-1 齿轮传动按传动轴相对位置分类

2）半开式传动：齿轮浸入油池中，上装护罩，不封闭，所以也不能完全防止杂物的侵入。大多用于农业机械、建筑机械及简单机械设备中，只有简单的防护罩。

3）闭式传动：润滑、密封良好，用于汽车、机床及航空发动机等的齿轮传动中，齿轮封闭在箱体内并能得到良好的润滑，应用极为广泛（如机床、汽车等）。

（3）按齿廓曲线分类

1）渐开线齿：常用。

2）摆线齿：常用于计时仪器。

3）圆弧齿：承载能力较强。

2. 齿轮传动的特点

1）传动比恒定，特别是瞬时传动比的恒定是其他机械传动无法比拟的。

2）外廓尺寸小，结构比较紧凑。

3）传动效率高，直齿圆柱齿轮的效率在98%左右。

4）工作可靠、寿命长。

5）传递功率和速度的范围比较广。

6）需要专门制造齿轮的机床和刀具，造价高。

7）齿轮制造精度低时，传动噪声和振动较大。

8）齿轮传动中的传动比及中心距不能过大。

二、齿轮设计技术要求

对于齿轮系统设计应满足下列技术要求。

（1）传动方面。齿轮传动通常要求传动比恒定，传动平稳，噪声小，效率高，运动精确，无振动冲击现象，回程误差小，结构简单、紧凑。根据传动方面提出的要求，有些采用特殊曲线作为齿轮的齿廓曲线。

（2）强度方面。应有足够承受负荷的能力，刚性大、变形小、耐磨性好。在此前提下，齿轮的重量要轻、结构工艺性好、寿命长。根据强度方面提出的要求，选用合适材料、合理结构尺寸及恰当的热处理方法等。

（3）配合与刚度方面。齿轮传动系统常是由许多对齿轮组合而成的，这些齿轮都装在传动轴上，而轴和轴承配合后还要与箱体上的支承相配合。因此，齿轮传动系统的设计决不能孤立地研究齿轮本身的传动误差，还要注意齿轮相连接的轴、键、轴承及箱体结构的设计，研究整个系统的刚度问题。

综上所述，齿轮传动系统的设计应解决下列几个基本问题：齿轮传动的选型、传动链的布置、传动的级数、传动比的分配、齿轮传动参数的确定、结构设计、刚度计算、消除侧隙的措施及如何提高传动精度等。

三、齿轮传动形式的选择

机械设备中，如何根据传动要求和工作特点选择最合理的传动形式，是齿轮传动设计中首先需要解决的问题。齿轮传动形式的选择主要依据以下几点。

1）齿轮传递的功率、速度及平稳性等技术指标，对齿轮传动形式及结构提出的特殊要求。

2）齿轮的回程误差、运动精度对齿轮的传动形式及结构提出的要求。

3）齿轮传动的效率、润滑条件对齿轮的传动形式及结构提出的要求。

4）齿轮传动的工艺性因素，诸如生产条件、设备、产量等对结构提出的要求。

5）环境条件对齿轮传动形式提出的特殊要求。

直齿圆柱齿轮啮合时，啮合线是一条直线且是同时接触、同时分离的。斜齿圆柱齿轮的啮合线是一条斜直线，故一对齿形的啮合分离时，后面的齿形仍在啮合。即斜齿轮传动是逐渐进入、逐渐分离的，且同时进入啮合的齿的对数较直齿多。因此，斜齿圆柱齿轮传动较平稳且承载的均匀性好。

直齿圆柱齿轮的应用较为广泛。这是由于其设计、制造、测量和装配都比较方便，易于达到较高的经济加工精度和传动效率。当速度高、承载大时，应考虑采用斜齿圆柱齿轮传动。但是，斜齿圆柱齿轮传动中会产生轴向力，制造、安装也较困难，效率也较直齿圆柱齿轮低些。

螺旋齿轮多用于传递空间交错轴的运动。由于是点接触传动，当两轴交错角增大时，啮合点处的相对滑动速度增大，易于磨损。故螺旋齿轮多用于低速、受力较小的情况下。

蜗杆蜗轮传动用于传递空间垂直轴的运动，它是空间线接触。由于其传动比大，传动平稳，所以在一般情况下都取代螺旋齿轮传动。但是，蜗杆蜗轮的发热量大，传动效率低。

锥齿轮传动可用于相交轴之间的传动，加工时需用特殊的设备——锥齿轮刨床，运动精度较低，因此在高精度传动中不宜采用。由于锥齿轮的加工精度低，高速时会产生较大的冲击和噪声，一般只用于低速场合。

四、齿轮传动比的选择

零件制成后不可避免地存在着误差。组成部件的零件数目越多，则积累的误差也越大。因此，选择齿轮传动比时，单级传动比多级传动积累误差小，但是，如果一对齿轮的传动比过大，则两个齿轮的尺寸相差也大，这样不但引起传动时的不平稳，还会引起箱体结构尺寸的增大。

图 3-2a、b 所示齿轮传动的传动比均为 10，图 3-2a 所示为单级传动，图 3-2b 所示为二级传动，显然前者的外形尺寸比后者大许多。尽管前者的单级传动较大，但是，其小齿轮的轮齿参加啮合的次数比大齿轮轮齿多得多，这样会引起小齿轮的磨损过快，整个设备寿命的降低。所以，单级齿轮的传动比不宜过大。

常用的齿轮减速装置有一级、二级、三级等传动形式，如图 3-3 所示。

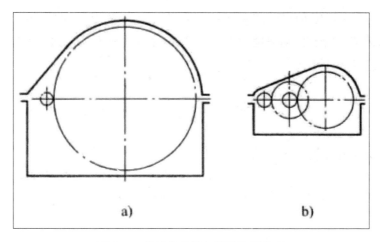

图 3-2　传动比级数与箱体体积关系

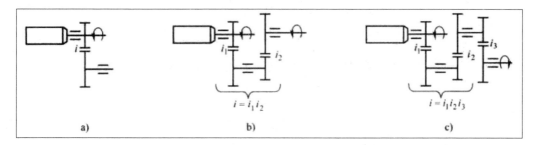

图 3-3　常用的齿轮减速装置传动形式

　　齿轮传动比 i 应满足驱动部件与负载之间的位移及转矩、转速的匹配要求。用于伺服系统的齿轮减速器是一个力矩变换器，其输入电动机为高转速、低转矩，而输出则为低转速、高转矩，借此来加强负载。因此，不但要求齿轮传动系统传递转矩时要有足够的刚度，还要求其转动惯量尽量小，以便在获得同一加速度时所需转矩最小。此外，齿轮的啮合间隙会造成传动死区（失动量），若该死区是在闭环系统中，则可能造成系统不稳定，为此要尽量采用齿侧间隙较小、精度较高的齿轮传动副。为了降低制造成本，可采用调整齿侧间隙的方法来消除或减小啮合间隙，以提高传动精度和系统的稳定性。由于负载特性和工作条件的不同，最佳传动比有各种各样的选择方法，在伺服电动机驱动负载的传动系统中常采用使负载加速度最大的方法。

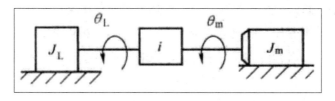

图 3-4　负载惯性模型

如图 3-4 所示，电动机转角为 θm、负载转角为 θL、电动机额定转矩为 Tm、负载转矩为 TLF、转子转动惯量为 Jm、负载转动惯量为 JL、直流伺服电动机通过减速比为 i，其最佳传动比如下

$$i = \frac{\theta_m}{\theta_L} = \frac{\dot{\theta}_m}{\dot{\theta}_L} = \frac{\ddot{\theta}_m}{\ddot{\theta}_L} > 1$$

$$（3-1）$$

设其加速转矩为 Ta，则

$$T_a = T_m - \frac{T_{LF}}{i} \Rightarrow (J_m + \frac{J_L}{i^2} \quad i\ddot{\theta}_L$$

故

$$\ddot{\theta}_L = \frac{T_m i - T_{LF}}{J_m i^2 + j_L} = \frac{T_a i}{J_m i^2 + J_L}$$

$$（3-2）$$

当 $\dfrac{d\ddot{\theta}_L}{di} \to 0$ 时，即可求得使负载加速度为最大的 i 值，即

$$i = \frac{T_{LF}}{T_m} + (\frac{T_{LF}}{T_m} + \frac{J_L}{J_m})^{\frac{1}{2}}$$

$$（3-3）$$

五、各级传动比的最佳分配

当计算出传动比之后，为了使减速系统结构紧凑、满足动态性能和提高传动精度，需要对各级传动比进行合理分配，其分配原则如下。

（1）重量最轻原则。对于小功率传动系统，使各级传动比 $i_1 = i_2 = i_3 = \cdots \sqrt[n]{i}$，即可使传动装置的重量最轻。这个结论是在假定各主动小齿轮模数、齿数均相同的条件下导出的，故所有大齿轮的齿数、模数、每级齿轮副的中心距离也相同。结论对于大功率传动系统是不适用的，因其传递转矩大，故要考虑齿轮模数、齿宽等参数要逐级增加的情况，此时应根据经验、类比方法以及结构要求进行综合考虑，各级传动比一般应以"先大后小"原则处理。

（2）输出轴转角误差最小原则。为了提高齿轮传动系统传递运动精度，各级传动比应按先小后大原则分配，以便降低齿轮的加工误差、安装误差以及回转误差对输出转角精度的影响。设齿轮传动系统中各级齿轮的转角误差换算到末级输出轴上的总转角误差为 $\Delta\Phi_{max}$，则

$$\triangle\Phi_{max} = \sum_i^n \frac{\triangle\Phi_k}{i_{(kn)}}$$

（3-4）

式中 $\triangle\Phi_k$——为第 k 个齿轮所具有的转角误差；

$i(kn)$——为第 k 个齿轮的转轴至 n 级输出轴的传动比。

则四级齿轮传动系统各齿轮的转角误差（$\triangle\Phi_1$、$\triangle\Phi_2$、$\cdots$、$\triangle\Phi_8$）换算到末级输出轴上的总转角误差为

$$\triangle\Phi_{max} = \frac{\triangle\Phi_1}{i} + \frac{\triangle\Phi_2 + \Phi_3}{i_2 i_3 i_4} + \frac{\Phi_4 + \Phi_5}{i_3 i_4} + \frac{\Phi_6 + \Phi_7}{i_4} + \Phi_8$$

（3-5）

由此可知总转角误差主要取决于最末一级齿轮的转角误差和传动比的大小。在设计中最末两级的传动比应取大一些，并尽量提高最末一级齿轮副的加工精度。

（3）等效转动惯量最小原则。利用该原则所设计的齿轮传动系统，换算到电动机轴上的等效转动惯量为最小。

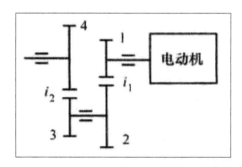

图 3-5　二级齿轮减速传动

设有一小功率电动机驱动的二级齿轮减速系统，如图 3-5 所示。设其总体传动比为 $i=i_1 i_2$，假设各主动小齿轮具有相同的转动惯量，各齿轮均近似看成实心圆柱体，分度圆直径 d、齿宽 B、比重 γ 均相同，其转动惯量为 J，如不计轴和轴承的转动惯量，则等效到电动机轴上的等效转动惯量为

$$J_{me} = J_1 + \frac{J_2 + J_3}{i_1^2} + \frac{J_4}{i_1^2 i_2^2}$$

（3-6）

因为

$$J_1 = \frac{\pi B \gamma}{32g} d_1^4 = J_3$$

所以

$$J_2 = J_1 i_1^4 \text{、} J_4 = J_1 i_2^2 = J_1 \left(\frac{i}{i_1}\right)^4$$

代入式（3-6）可得

$$J_{me} = J_1 + \frac{J_1 i_1^4}{i_1^2} + \frac{J_1}{i_1^2} \times \frac{\left(\frac{i}{i_1}\right)^4}{\frac{i^2}{i_1^2}} = J_1\left(1 + i_1^2 + \frac{1}{i_1^2} + \frac{i^2}{i_1^4}\right)$$

（3-7）

令 $\dfrac{\partial J_{me}}{\partial i_1} = 0$，则

$$i_1^6 - i_1^2 - 2i^2 = 0 \text{ 或 } i_1^4 - 1 - 2i_2^2 = 0$$

由此可得 $i_2 = \dfrac{\sqrt{(i_1^4 - 1)}}{2}$，当 $i_1^4 > 1$ 时，则可简化为 $i_2 \approx \dfrac{i_1^2}{\sqrt{2}}$ 或 $i_1 = \left(\sqrt{2i_2}\right)^{\frac{1}{2}}$，故

$$i_1 \approx \left(\sqrt{2}i\right)^{\frac{1}{3}} = \left(2i^2\right)^{\frac{1}{6}}$$

同理，可得 n 级齿轮传动系统各级传动比通式如下

$$i_1 = 2^{\frac{2^2 - n - 1}{(2^n - 1)}} i^{\frac{1}{2^n - 1}}, i_k = \sqrt{2}\left(\frac{i}{2^{\frac{n}{2}}}\right)^{\frac{2^{(k-1)}}{2^n - 1}}, \ (k = 2, \ 4, \ \cdots, \ n)$$

（3-8）

在计算中不必精确到几位小数，因在系统机构设计时还要作适当调整。按此原则计算的各级传动比按"先小后大"次序分配，可使其结构紧凑。该分配原则中的假设对大功率齿轮传动系统不适用。虽然其计算公式不能通用，其分配次序应遵循"由大到小"的分配原则。

综上所述，在设计中应根据上述原则并结合实际情况的可行性和经济性对转动惯量、结构尺寸和传动精度提出适当要求。具体来讲有以下几点。

1）对于要求体积小、重量轻的齿轮传动系统可用重量最轻原则。

2）对于要求运动平稳、起停频繁和动态性能好的伺服系统的减速齿轮系统，可按最小等效转动惯量和总转角误差最小的原则来处理。对于变负载传动齿轮系统的各

级传动比最好采用不可约的比数，避免同期啮合以降低噪声和振动。

3）对于提高传动精度和减小回程误差为主的传动齿轮系，可按总转角误差最小原则。对于增速传动，由于增速时容易破坏传动齿轮系统工作的平稳性，应在开始几级就增速，并且要求每级增速比最好大于 1 ∶ 3，以有利于增加轮系刚度、减小传动误差。

4）对较大传动比传动的齿轮系统，往往需要将定轴轮系和行星轮系巧妙结合为混合轮系。对于传动比要求很大、传动精度与效率要求高的齿轮传动，可选用谐波齿轮传动。

六、轮系传动

（1）定轴轮系传动。如图 3-6 所示，滚齿机工作台传动机构中，工作台与蜗轮 9 固连。电动机带动主动轴转动，通过该轴上的齿轮 1 和 3 分两路传动，一路经锥齿轮 1 和 2 啮合带动单线滚刀 A 转动；另一路经齿轮 3-4-5-6-7-8-9 带动轮坯 B 转动，保证滚刀与轮坯之间具有确定的对滚关系，从而实现分路传动。适当地选配挂轮组 5-6-7 的齿数，便可切制出不同齿数的齿轮。

（2）周转轮系传动。如图 3-7 所示，马铃薯挖掘机中的行星轮系，由完全相同的 4 套机构组成。系杆 H 上铰接了两个行星轮 2 和 3，仅有一个中心轮且固定不动。系杆 H 的转速 n_H 和行星轮 3 的转速 n_3 的关系为 $n_3=n_H(1-z_1/z_3)$，式中 z_1、z_3 分别为齿轮 1 和 3 的齿数。当 $z_1=z_3$ 时 $n_3=0$，行星轮 3 并无转动，与固定于其上的铁锹一起只作平动，以利于马铃薯的挖掘工作。

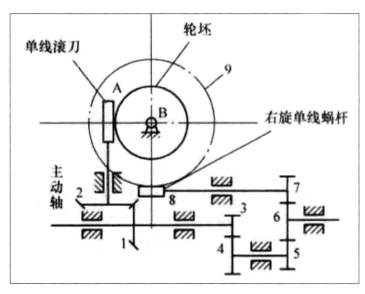

图 3-6　定轴轮系传动

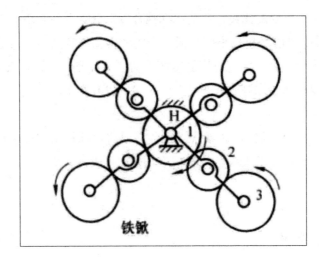

图 3-7　周转轮系传动

（3）行星轮系传动。如图 3-8 所示，万能刀具磨床工作台横向微动进给装置中，齿轮 4 的轴与丝杠相连并通过螺旋副传动至工作台，通过摇动系杆 H 上的手柄，经轮系、丝杠使工作台作微量进给。

此轮系中，中心轮 1 固定，双联齿轮 2-3 为行星轮，H 为运动输入构件，中心轮 4 为运动输出构件。机构的自由度为 1，基本构件为两个中心轮 2K 和一个系杆 H，故称为 2K-H 型行星轮系。又因为该轮系中 $i_{H14}>0$，故称其为正号机构。该轮系的传动比 $i_{H4}=1/[1-(z_1z_2/z_2z_4)]$，当 H 为输入件时，可获得极大的传动比。

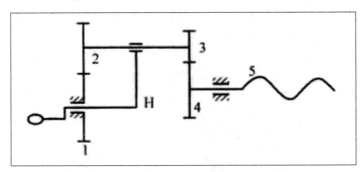

图 3-8　行星轮系传动

（4）差动轮系传动。如图 3-9 所示，轮系中，两个中心轮 1 和 3 均为活动构件，机构的自由度为 2，称为差动轮系，为了使其具有确定运动，需要 1 个原动件。该轮系的基本构件为两个中心轮和一个系杆，又称为 2K-H 型差动轮系。当系杆 H 为运动输出件时，$n_H=n_1+[(z_3/z_1)n_3/1+(z_3/z_1)]$，即行星轮架的转速是轮 1、3 转速的合成。

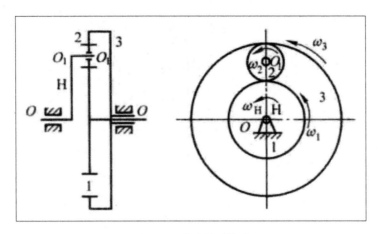

图 3-9　差动轮系传动

（5）复合轮系传动。如图 3-10 所示，国产某蜗轮螺旋桨发动机减速器的传动简图中，齿轮 1、2、3 和系杆 H 组成一个 2K-H 型差动轮系，齿轮 3′、4、5 组成一个定轴轮系。定轴轮系将差动轮系的内齿轮 3 和系杆 H 的运动联系起来，构成了一个自由度为 1 的封闭差动轮系。差动轮系部分采用了三个行星轮 2 均匀分布的结构，定轴轮系部分有五个中间惰轮 4(图中均只画了一个)。动力由中心轮 1 输入后，由系杆 H 和内齿轮 3 分成两路输往左部，最后在系杆 H 与内齿轮 5 的接合处汇合，输往螺旋桨。由于功率是分路传递，加上采用了多个行星轮均匀分布承担载荷，从而使整个装置在体积小、重量轻的情况下，实现大功率传递。

另一种复合轮系传动是在主动轴转速不变的条件下，从动轴可以得到若干种不同的转速，这种传动称为变速传动。图 3-11 所示的变速器中，由 1、2、3、H 和 4、5、6、3（H）分别组成两套差动轮系。当通过制动器 A、B 分别固定不同的中心轮 3 或 6 时，可使从动轴 H 得到两种不同的转速。这种变速器虽较复杂，但操作方便。可在运动中变速，目前已广泛应用于各种车辆上。

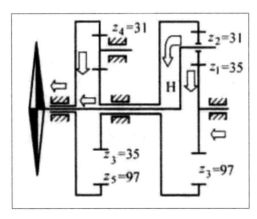

图 3-10　复合轮系传动

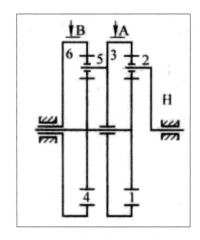

图 3-11　另一种复合轮系传动

（6）摆线针轮传动。摆线针轮传动主要实现两平行轴之间运动与动力的传递。如图 3-12 所示，1 为针轮，z_1 个圆柱针销均匀地分布在以 O_1 为圆心的圆周上；2 为摆线行星轮，回转中心为 O_2，齿数为 z_2，其轮廓曲线为变态外摆线；H 为系杆（偏心轮），V 为输出轴，3 为输出机构。其传动比 $i_{HV}=i_{H2}=n_H/n_2=-z_2/(z_1-z_2)$，由于 $z_1-z_2=1$，故 $i_{HV}=-z_2$。其特点是传动比较大，结构紧凑，效率及承载能力高。

（7）谐波齿轮传动。谐波齿轮传动主要实现两平行轴之间运动与动力的传递，如图 3-13 所示。

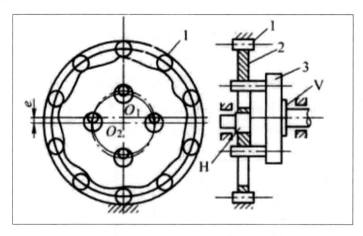

图 3-12　摆线针轮传动

1—针轮；2—摆线行星轮；3—输出机构

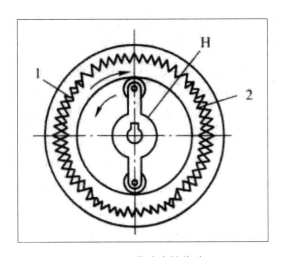

图 3-13 谐波齿轮传动

由图可见，构件 1 为具有 z1 个齿的内齿刚轮，构件 2 为具有 z2 个齿的外齿柔轮，H 为谐波发生器。通常 H 为主动件，而刚轮和柔轮之一为从动件，另一个为固定件。当 H 装入柔轮后，迫使柔轮变形为椭圆，椭圆的长轴两端附近的齿与刚轮的齿完全啮合；短轴附近的齿与刚轮的齿完全脱开。至于其余各处，或处于啮入状态，或处于啮出状态。当 H 转动时，柔轮的变形部位也随之转动，柔轮与刚轮之间就产生了相对位移，从而传递运动。

当刚轮 1 固定、H 主动、2 从动时，传动比为 iH2=nH/n2=-z2/（z1-z2），主、从动件转向相反；当 2 固定、H 主动、1 从动时，传动比为 iH1=nH/n1=-z1/（z1-z2），主、从动件转向相同。

第三节 带传动的设计与选择

带传动是通过中间挠性曳引元件传递运动和动力的机械传动装置。带传动使用的挠性元件主要是各种有弹性的传动带。

一、带传动分类与特点

1. 传动类型及应用

带传动按功能可分为摩擦传动和啮合传动。摩擦传动包括平带传动、V 带传动、多楔带传动等；啮合传动有同步齿形带传动。

（1）平带传动。平带传动是最简单的带传动形式，平带传动具有结构简单、传递距离远、传动平稳等特点，广泛应用于压力机、轧机、机床、矿山机械、纺织机械、鼓风机、磁带录音机等传动中，但是平带传动需要预紧力。

（2）V带传动。V带传动也称三角带传动，通过楔形槽与V带之间的楔式作用来提高压紧力，因此在同样的预紧力条件下，V带传动能产生更大的摩擦力，且传动比较大，结构较紧凑。主要用于一般机械来传递中等功率及速度的场合。

（3）多楔带传动。多楔带兼有平带和V带的优点：柔性好，摩擦力大，能传递的功率大，并解决多根V带因制造精度原因、带的长短不一而使各带受力不均的问题。多楔带可传递较大功率，多用于要求传递大功率且需要结构紧凑的场合，尤其是要求V带根数多的场合。

（4）同步齿形带传动。与传统的带传动、链传动、齿轮传动相比较，同步齿形带的工作面上有齿，带轮的轮缘表面也制有相应的齿槽，依靠带与带轮之间的啮合来传递运动和动力，无滑动，能保证恒定的传动比，预紧力小。

2. 带传动的形式及设计要求

常用的带传动形式有开口传动、交叉传动、半交叉传动、张紧轮传动及多从动轴传动等。

3. 带传动设计的内容

带传动设计的主要内容包括以下几方面。

已知条件：原动机种类、工作机名称及其特性、原动机额定功率和转速、带传动的传动比、高速轴转速、传动空间限制或轴间距要求等。

设计应满足的条件如下。

1）运动学条件：传动比。

2）几何条件：带轮直径、带长、中心距应满足的几何要求等。

3）传动能力条件：在保证工作时不打滑的条件下，带传动有足够的传动能力和寿命。

4）限制条件：带速、中心距、小带轮包角应在合理范围内。

5）考虑带轮的支承、带传动的工作条件及经济性要求。

设计结果：带的种类、带型、带宽、带的根数、带长、带轮直径、带轮材料、带轮结构和尺寸、预紧力、作用在轴上的载荷、张紧方法等。

二、带传动工作能力分析

1. 带传动的受力分析

如图 3-14 所示，带传动工作时，传动带以一定的初拉力张紧在带轮上，带在带轮两侧承受相等的初拉力 F0（见图 3-14a）；传动时，由于带与轮面间的摩擦力作用，带轮两边的拉力就不再相等（见图 3-14b）。传动带绕入主动带轮的一边被拉紧，称为紧边，其拉力由 F0 增大到 F1；而带的另一边则相应被放松，称为松边，其拉力由 F0 降至 F2。两边的拉力差称为带传动的有效拉力，也就是带传动的圆周力 F0。

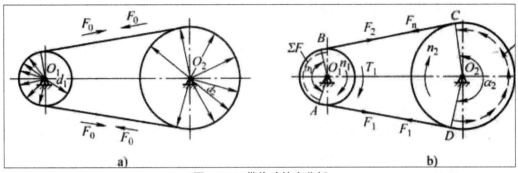

图 3-14　带传动的力分析

以 v 表示带速（m/s），P 表示名义传动功率（kW），则有效拉力

$$F = F_1 - F_2 = \frac{1000P}{v}$$

（3-9）

当带所传递的圆周力超过带与轮面间的极限摩擦力总和时，带与带轮之间会发生相对滑动，这种现象称为打滑。它使带磨损加剧，从动轮转速降低，甚至停止转动，传动失效。带打滑时，紧边和松边的拉力之比可用欧拉公式表示，即

$$\frac{F_1}{F_2} = e^{\mu a}$$

（3-10）

式中 e——自然对数的底，e=2.718；

μ——带与轮面间的摩擦因数；

α——包角，即带与带轮接触弧所对应的中心角。

如假设带工作时总长度不变，则带紧边拉力的增量等于松边拉力的减量，即

$$\begin{cases} F_1 - F_0 = F_0 - F_2 \\ F_1 + F_2 = 2F_0 \end{cases}$$

（3-11）

由式（3-9）式（3-10）和式（3-11）可得

$$F = 2F_0 \frac{e^{\mu a - 1}}{e^{\mu a + 1}}$$

（3-12）

由上式可知，增大初拉力、增大摩擦因数和增大包角都可以提高带传动的工作能力。

2. 带传动的应力分析

带传动时，带中应力由拉应力 σ、离心应力 σc 和弯曲应力 σb 三部分组成，如图 3-15 所示。

（1）拉应力 $\sigma 1$、$\sigma 2$（N/mm2）

紧边拉应力

$\sigma 1 = F1/A$

松边拉应力

$\sigma 2 = F2/A$

式中 A——带的截面积（mm2）。

（2）离心应力 σc（N/mm2）

由离心拉力 Fe 产生的离心应力 σc 为

$$\sigma_c = \frac{F_e}{A} = \frac{qv^2}{A}$$

（3-13）

式中 q——带每米长的质量（kg/m）;

v——带速（m/s）。

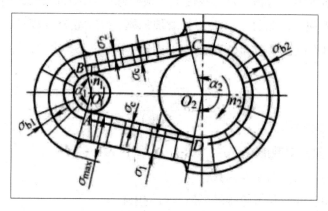

图 3-15　带工作时应力情况

（3）弯曲应力 σb（N/mm2）

由带弯曲而产生的弯曲应力 σb 为

$$\sigma_b \approx E \frac{h}{d_d}$$

（3-14）

式中 E——带的弹性模量（N/mm2）;

h——带的高度（mm）;

dd——带轮基准直径（mm）。

两个带轮直径不同时，带在小带轮上的弯曲应力比大带轮上的大。由图 3-15 可知，带受变应力作用，会发生疲劳破坏，最大应力发生在紧边进入小带轮处，其值为

$$\sigma_{\max} = \sigma_1 + \sigma_c + \sigma_{b1}$$

为了保证带具有足够的疲劳寿命，应满足

$$\sigma_{\max} = \sigma_1 + \sigma_c + \sigma_{b1} \leqslant [\sigma]$$
（3-15）

3. 带传动的弹性滑动和传动比

由图 3-14 可知，带由 A 点运动到 B 点时，带中拉力由 F1 降到 F2，带的弹性伸长相对减少，即带在轮上逐渐缩短，使带轮的速度小于主动轮的圆周速度。在从动轮上，带从 C 点运动到 D 点时，带中拉力由 F2 增加到 F1，带的弹性伸长也逐渐增大，所以从动轮的圆周速度又小于带速，即 v1>v 带 >v2。这种由于带的弹性变形而引起带与轮间的相对滑动称为弹性滑动。而打滑是由过载引起的，是可以避免的。

弹性滑动使从动轮圆周速度 v2 低于主动轮圆周速度 v1，其相对降低率可用滑动率 ε 表示，即

$$\varepsilon = \frac{v_1 - v_2}{v_1} = \frac{\pi D_1 n_1 - \pi D_2 n_2}{\pi D_1 n_1} = \frac{D_1 n_1 - D_1 n_1}{D_1 n_1}$$

由此得带传动的传动比为

$$i = \frac{n_1}{n_2} = \frac{D_2}{D_1(1-\varepsilon)} \approx \frac{D_2}{D_1}$$
（3-16）

式中 n1、n2——主、从动轮的转速（r/min）；

D1、D2——主、从动轮的直径（mm）。

因为 ε 值很小，为 0.01 ~ 0.02，一般计算中可不予考虑。

三、普通V带传动的设计计算

普通 V 带由顶胶、承载层、底胶和包布组成。承载层是胶帘布或绳芯。绳芯结构的柔韧性好，适用于转速较高和带轮直径较小的场合。

按截面尺寸不同普通 V 带分为：Y、Z、A、B、C、D、E 七种型号。

普通 V 带传动设计计算内容与步骤如下。

1. 带传动的实效形式和计算准则

由前面对带传动的应力分析可知，带传动的主要失效形式为打滑和疲劳破坏。所以其设计准则是：在保证带在工作中不打滑的条件下，使传动带具有一定的疲劳强度和寿命。

2. 主要参数设计选择

（1）型号选择。带的型号可根据计算功率 Pc 和小带轮转速 n1 选取，选取普通 V 带时可参考以下公式：

功率计算

$Pc=KAP$（3-17）

式中 P——名义传动功率（kW）；

KA——工况系数，见表3-2。

表3-2 工况系数 KA

动力机载荷性质	动力机（一天工作时数/h）					
	I类			II类		
	≤10	10~16	>16	≤10	10~16	>16
工作平稳	1	1.1	1.2	1.1	1.2	1.3
荷载变动小	1.1	1.2	1.3	1.2	1.3	1.4
荷载变动较大	1.2	1.3	1.4	1.3	1.5	1.6
冲击荷载	1.3	1.4	1.5	1.4	1.6	1.8

注：I类指直流电动机、Y 系列三相异步电动机、汽轮机、水轮机；II类指交流同步电动机、交流异步滑环电动机、内燃机、蒸汽机。

（2）最小带轮直径 Dmin 和带速。v 带轮直径小，则传动结构紧凑，但弯曲应力大，带的寿命低，为此，对带轮直径应有限制，V 带带轮的最小直径见表3-3。

表3-3 V 带带轮的最小直径

型号	Y	Z	A	B	C	D	E
Dmin/mm	20	50	75	125	200	355	500

带速太高则离心力增大，且单位时间内带绕过带轮的次数增多，带的磨损增加。带速过低，当传动功率一定时，传递的圆周力增大，使带的根数过多。一般应控制带速 v 在 5 ~ 25m/s 范围内为合适。

（3）中心距 a 和带长 L 的确定。带传动的中心距过大，会引起带的颤动，中心距过小，虽然结构紧凑，但会使带的绕转次数增多，降低带的寿命，同时使包角减小，导致传动能力降低。设计时可按下式初步确定 a0

$2(D1+D2) \geq a0 \geq 0.7(D1+D2)$（3-18）

带长（mm）可由以下几何关系求得

$$L_0 = 2a_0 + \frac{\pi}{2}(D_1 + D_2) + \frac{(D_2 - D_1)^2}{4a_0}$$

（3-19）

再由 L_0 查表 3-4，选取与其接近的基准长度 L_d 标准值，再按下述近似公式求实际中心距 a

$$a \approx a_0 + \frac{L_d + L_0}{2}$$

（3-20）

考虑安装、更换 V 带和调整、补偿初拉力的需要，V 带传动通常设计成中心距可调的，中心距的变化范围为

amin=a-0.015L_d

amax=a+0.03L_d

表 3-4 普通 V 带基准长度（摘自 GB/T 13575.1—2008）

型号							型号							型号			
Y	Z	A	B	C	D	E	Y	Z	A	B	C	D	E	A	B	C	D
200	405	630	930	1565	2740	4660	450	1080	1430	1950	3080	6100	12230	2300	3600	7600	15200
224	475	700	1000	1760	3100	5040	500	1330	1550	2180	3520	6840	13750	2480	4060	9100	
250	530	790	1100	1950	3330	5420		1420	1640	2300	4060	7620	15280	2700	4430	10700	
280	625	890	1210	2195	3730	6100		1540	1750	2500	4600	9140	16800		4820		
315	700	990	1370	2420	4080	6850			1940	2700	5380	10700			5370		
355	780	1100	1560	2715	4620	7650			2050	2870	6100	12200			6070		
400	820	1250	1760	2880	5400	9150			2200	3200	6815	13700					

（4）包角 α_1 和传动比 i 小。带轮包角 α_1 是影响 V 带传动工作能力的重要因素。通常应保证

$$\alpha_1 \approx 180° - \frac{D_2 - D_1}{a} \times 57.3 \geqslant 120°$$

（3-21）

特殊情况允许 $\alpha_1 \geqslant 90°$。

从上式可知，两带轮直径 D_2 与 D_1 相差越大，即传动比 i 越大，包角 α_1 就越小。所以，为了保证在中心距不过大的条件下包角不至于过小，传动比不宜取太大。普通 V 带传动一般推荐 $i \leqslant 7$，必要时可取 $i \leqslant 10$。

（5）确定 V 带根数 z 单根普通 V 带所能传递的额定功率以 P_0 表示。

V 带的根数可由下式计算

$$z = \frac{P_c}{(P_0 + \triangle P_0) K_a K_L}$$

（3-22）

式中 $\triangle P_0$——传动功率的增量（kW），当 $i \neq 1$ 时，带在大轮上的弯曲应力较小，因而在同样寿命下，带传动的功率可以增大些。

3. 确定传动带的初拉力

初拉力的大小是保证带传动正常工作的重要因素。初拉力过小，则传动带与带轮间的极限摩擦力小，在带传动还未达到额定载荷时就可能出现打滑；反之，初拉力过大，传动带中应力过大，会使传动带的寿命大大缩短，同时还加大了轴和轴承的受力。实际上，由于传动带不是完全弹性体，对非自动张紧的带传动，过大的初拉力将使带易于松弛。

对于非自动张紧的普通 V 带传动，既能保证传递所需的功率时不打滑，又能保证传动带具有一定寿命时，推荐单根普通 V 带张紧后的初拉力按下式计算

$$F_0 = \frac{500P_c}{zv}(\frac{2.5}{K_a} - 1) + qv^2$$

（3-23）

式中 q——每米带长的质量（kg/m）。

带传动作用在轴上的载荷 FQ 即为传动带松边拉力的向量和，一般按初拉力作近似计算，由图3-16可得

$$F_Q = 2zF_0 \sin\frac{a}{2}$$

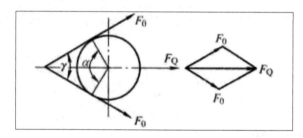

图 3-16　作用在带轮轴上载荷的计算简图

四、同步带传动的设计选择

1. 同步带传动的特点

同步带传动是综合了普通带传动和链轮、链条传动优点的一种传动方式。它在带的工作面及带轮外周上均制有啮合齿，通过带齿与轮齿作啮合传动。

与一般带传动相比，同步带传动具有如下特点。

1）传动比准确，传动效率高。

2）工作平稳，能吸收振动。

3）不需要润滑、耐油水、耐腐蚀，维护保养方便。

4）中心距要求严格，安装精度要求高。

5）制造工艺复杂，成本高。

2. 同步带的分类及应用

同步带的分类及应用见表 3-5。

表 3-5　同步带的分类及应用

分类方法	种类		应用	标准
按用途分	一般工业用同步带传动（梯形齿同步带传动）		主要用于中、小功率的同步带传动，如各种仪器、计算器、轻工机械等	ISO标准、各国国家标准
	大转矩同步带传动（圆弧齿同步带传动）		主要用于重型机械的传动中，如运输机械（飞机、汽车），石油机械和机床、发电机等	尚无ISO标准，只有部分国家标准和企业标准
	特征规格的同步带传动		根据某种机械特殊需要而采用的特殊规格同步带传动。如工业缝纫机用、汽车发动机用等	汽车同步带有ISO标准和各国标准。日本有缝纫机同步带标准
	特殊用途的同步带	（1）耐油性同步带	用于经常粘油或浸在油中传动的同步带	尚无标准
		（2）耐热性同步带	用于环境温度在90~120℃高温下	
		（3）高电阻同步带	用于要求胶带电阻大于6MΩ以上的场合	
		（4）低噪声同步带	用于大功率、高速但要求低噪声的地方	
按规格制度分	模数制：同步带主要参数是模数m，根据模数来确定同步带的型号及结构参数		60年代用于日、意、前苏联等国，后逐渐被节距制取代，目前仅俄罗斯及东欧各国使用	各国国家标准
	节距制：同步带主要参数是带齿节距Pb，按节距大小，相应带、轮有不同尺寸		世界各国广泛采用的一种规格制度	ISO标准、各国国家标准、GB标准

3. 同步带的结构、主要参数和尺寸规格

（1）结构和材料。同步齿形带一般由带背、承载绳、带齿组成。在以氯丁橡胶为基体的同步带上，其齿面还覆盖了一层尼龙包布，梯形齿同步带结构如图 3-17 所示。

承载绳传递动力，同时保证带的节距不变，因此承载绳应有较高的强度和较小的伸长率。目前常用的材料有钢丝、玻璃纤维、芳香族聚酰胺纤维（简称芳纶）。

带齿是直接与钢制带轮啮合传递转矩。要求有高的抗剪强度、耐磨性、耐油性和耐热性。用于连接、包覆承载绳的带背，在运转过程中要承受弯曲应力。要求带背有良好的韧性和耐弯曲疲劳的能力与承载绳有良好的黏结性能。带齿一般采用聚氨酯橡胶和氯丁橡胶等材料。

（2）主要参数和规格。同步带主要参数是带齿的节距 pb，如图 3-19 所示。由于承载绳在工作时长度不变，因此承载绳的中心线被规定为同步带的节线，并以节线长度 Lp 作为其公称长度。同步带上相邻两齿对应点沿节线度量的距离称为带的节距 pb。

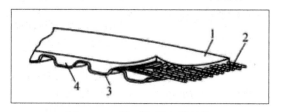

图 3-17　梯形齿同步带结构

1—带背；2—承载绳；3—带齿；4– 橡胶基体

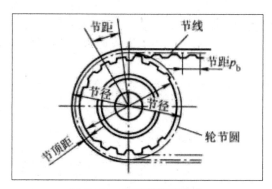

图 3-18　同步带主要参数

GB/T 11616—1989《同步带尺寸》对同步带型号、尺寸作了规定。同步带有单面齿（仅一面有齿）和双面齿（两面都有齿）两种形式。双面齿又按齿排列的不同，分为 DA 型（对称齿形）和 DB 型（交错齿形），分别如图 3-19 和图 3-20 所示。不同形式的同步带的型号和节距见表 3-6。

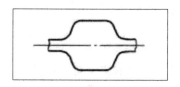

图 3-19　DA 型双面齿

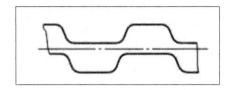

图 3-20　DB 型双面齿

表 3-6　同步带的型号和节距

型号	MXL	XXL	XL	L	H	XH	XXH
节距pb/min	2.032	3.175	5.080	9.525	12.700	22.225	31.75

（3）同步带的标记。带的标记包括长度代号、型号、宽度代号。双面齿同步带还应再加上符号 DA 或 DB。

4. 同步带轮

同步带轮如图 3-21 所示。为防止工作时带脱落，一般在小带轮两侧装有挡圈。带轮材料一般采用铸铁或钢。高速、小功率时可采用塑料或铝合金。

带轮的主要参数及尺寸规格如下。

（1）齿形　同步带轮的齿形有直线齿形和渐开线齿形两种。直线齿形在啮合过程中，与带齿侧面有较大的接触面积，齿侧载荷分布较均匀，从而提高了带的承载能力和使用寿命。渐开线齿形，其齿槽形状随带轮齿数而变化，齿数多时，齿廓近似于直线。这种齿形的优点是有利于带齿的啮合，其缺点是齿形角变化较大，在齿数少时，易影响带齿的正常啮合。

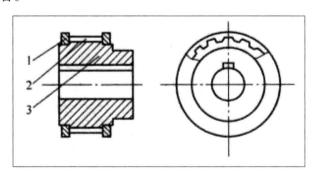

图 3-21　同步带轮

1—挡圈；2—齿圈；3—轮毂

（2）齿数 z　在传动比一定的情况下，带轮齿数越少传动结构越紧凑，但齿数过少使工作中同时啮合的齿数减少，易造成带齿承载过大而被剪断。此外，还会因带轮直径减小，使啮合的带产生弯曲疲劳破坏。GB/T 11361—2008《同步带传动 梯形齿带轮》规定的小带轮许用最小齿数见表 3-7。

表 3-7　小带轮许用最小齿数

小带轮转速/（r/min）	带型号						
	MXL（2.032）	XXL（3.175）	XL（5.080）	L（9.525）	H（12.700）	XH（22.225）	XXH（31.750）
900以下	10	10	10	12	14	22	22
900~1200以下	12	12	10	12	16	24	24
1200~1800以下	14	14	12	14	18	26	26
1800~3600以下	16	16	12	16	20	30	—
3600~4800以下	18	18	15	18	22	—	—

（3）带轮的标记 GB/T 11361—2008 与 GB11616—1989 相组配时对带轮的尺寸及规格等作了规定。与带一样，带轮的型号有 MXL、XXL、XL、L、H、XH、XXH 七种。

带轮的标记由带轮齿数、带的型号和轮宽代号表示。

第四节　链传动的设计与选择

一、链传动类型与特点

链传动是由主、从动链轮和绕在链轮上的链所组成的，如图 3-22 所示。这种传动是用链作为中间挠性件，通过链与链轮轮齿的啮合来传递运动和动力的。

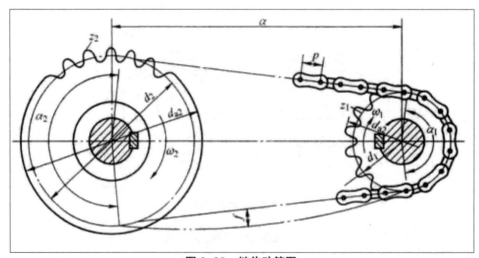

图 3-22　链传动简图

z1—小链轮齿数　z2—大链轮齿数　α1—小链轮包角　α2—大链轮包角　d1—小链轮分度圆直径　d2—大链轮分度圆直径　da1—小链轮外径　da2—大链轮外径　a—中心距　f—链条垂度

ω1—小链轮角速度　ω2—大链轮角速度　p—节距

链传动和带传动相比，链传动没有弹性滑动和打滑，能保持准确的平均传动比；传动尺寸比较紧凑；不需要很大的张紧力，作用在轴上的载荷也小；承载能力强；效率高（ η =95% ~ 98%）以及能在温度较高、湿度较大的环境使用等。

通常，链传动的传动功率小于100kW，链速小于15m/s，传动比不大于8。先进的链传动传动功率可达5000kW，链速达到35m/s，最大传动比可达到15。

链传动的缺点是：高速运转时不够平稳，传动时有冲击和噪声，不宜在载荷变化很大和急促反向的传动中使用，只能用于平行轴间的传动，安装精度和制造费用比带传动高。

二、链传动的设计计算

1. 链传动的主要失效形式

链传动的失效通常是由于链条的失效引起的。链的主要失效形式有以下几种。

（1）链的疲劳破坏。在闭式链传动中，链条零件受循环应力作用，经过一定的循环次数，链板发生疲劳断裂，滚子、套筒发生冲击疲劳破裂。在正常润滑条件下，疲劳破坏是决定链传动能力的主要因素。

（2）链条铰链磨损。主要发生在销轴与套筒间。磨损使链条总长度伸长，链的松边垂度增大，导致啮合情况恶化，动载荷增大，引起振动、噪声，发生跳齿、脱链等。这是开式链传动常见的失效形式之一。

（3）胶合。润滑不良或转速过高时，销轴与套筒的摩擦表面易发生胶合。

（4）链条过载拉断。在低速重载链传动中，如突然出现过大载荷，使链条所受拉力超过链条的极限拉伸载荷，导致链条断裂。

2. 链的极限功率曲线和额定功率曲线

链传动在不同的工作条件下其主要失效形式也不同。图3-23为链在一定使用寿命下和链轮在不同转速时，由各种失效形式所限定的极限功率曲线。由图可见，在润滑条件不好或工作环境恶劣的情况下，链的铰链磨损严重，所能传递的功率较良好润滑情况下低得多。曲线5是在润滑良好情况下的额定功率曲线，它在各极限功率曲线的范围之内，是链传动设计计算的依据。

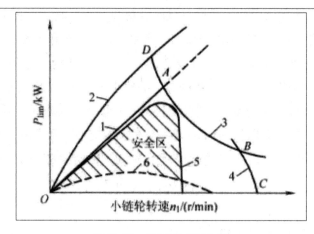

图 3-23 链极限功率曲线

1—链板疲劳强度限定的极限功率曲线 2—良好润滑时磨损限定的极限功率曲线 3—套筒、滚子冲击疲劳强度限定的极限功率曲线 4—销轴与套筒胶合疲劳限定的极限功率曲线 5—实用额定功率曲线 6—润滑恶劣时磨损限定的极限功率曲线

3. 链传动设计计算及主要参数的选择

链传动设计计算通常是根据所传递的功率 P、传动用途、载荷性质、链轮转速 n1 与 n2 和原动机种类等，确定链轮齿数 z1 与 z2、链节距 p、排数 m、链节数 Lp、中心距 a 及润滑方式等。

（1）中、高速链传动的设计计算 对 v>0.6m/s 的中、高速链传动，采用以抗疲劳破坏为主防止多种失效形式的设计方法。

1）链轮齿数和传动比。首先应合理选择小链轮齿数 z1。小链轮的齿数对链传动的平稳性及使用寿命影响较大。z1 过少，将增加传动的不均匀性、动载荷及加剧链的磨损，使功率消耗增大，链的工作拉力增大。但 z1 也不能过多，因 z1 多，则在相同传动比条件下，z2 就会更多，不仅使传动尺寸和重量增大，而且铰链磨损后容易发生跳齿和脱链现象，缩短了链的使用寿命。

小链轮齿数既不宜过少，大链轮齿数也不宜过多。一般链轮的最少齿数 zmin=17，最多齿数 zmax=120。当链速很低时，小链轮齿数 z1 可少到 8，大链轮齿数 z2 最多可到 150。一般可根据传动比参考表 3-8 选择小链轮齿数 z1。

表 3-8 小链轮齿数 z1 推荐值

传动比i	1~2	2.5~4	4.6~6	≥7
小链轮齿数z1	27~31	21~25	18~22	17

z1、z2 应优先选用数列 17、19、21、23、25、38、57、76、95、114 中的数字。为了使链传动磨损均匀，两链轮齿数应尽量选取与链节数（偶数）互为质数的奇数。

若传动比 i 过大，则传动尺寸会增大，链在小链轮上的包角就会减小，小链轮上同时参加啮合的齿数也会减少，因而通常传动比 $i \leq 7$，推荐 $i = 2 \sim 3.5$。当 $v < 2m/s$、载荷平稳时，传动比 i 可达 10。传动比较大时，可采用二级或二级以上的链传动。

2）选定链型号，确定链节距 p。在一定条件下，节距 p 越大，链的承载能力越大，但传动的不平稳性、冲击、振动及噪声越严重。设计链传动时，在承载能力足够的前提下，应尽可能选用小节距链；高速重载时可采用小节距多排链；当载荷大、中心距小、传动比大时，选小节距多排链，以便小链轮有一定的啮合齿数。只有在低速、中心距大和传动比小时，从经济性考虑可选用大节距链。

实际工作情况大多与实验条件不同，因而应对其传递功率 P 进行修正，得设计功率 P_d

$$P_d = \frac{K_A P}{K_z K_m} \quad (3-25)$$

式中 K_A——工况系数，查表 3-9；

K_m——多排链排数系数，查表 3-10；

K_z——小链轮齿数系数。

表 3-9 工况系数 KA

载荷性质	工作机类型	输入动力的种类		
		内燃机-液力传动	电动机械汽轮机	内燃机-机械传动
载荷平稳	液体搅拌机、中小型离心式鼓风机、离心式压缩机、谷物机械、均匀负荷运输机、发电机、轻载天轴传动、均匀负荷不反转的一般机械	1.0	1.0	1.2
中等冲击	半液体搅拌机、三缸以上往复式压缩机、大型或不均匀负荷运送机、中型起重机和升降机、重载天轴传动、机床、食品机械、木工机械、印染纺织机械、大型风机、中等脉动载荷不反转的一般机械	1.2	1.3	1.4
严重冲击	船用螺旋桨、制砖机、单双缸往复式压缩机、挖掘机、往复式振动式输送机、破碎机、重型起重机械、石油钻井机械、锻压机械、线材拉拔机械、冲床、剪床、严重冲击有反转的一般机械	1.4	1.5	1.7

表 3-10 多排链排数系数 Km

排数m	1	2	3	4	5	6
排数系数Km	1	1.7	2.5	3.3	4.0	4.6

根据设计功率 Pd（取 P0=Pd）和小链轮转速 n1，便可由图 3-23 选用合适的链型

号和链节距。图 3-22 中接近最大额定功率时的转速为最佳转速，功率曲线右侧竖线为允许的极限转速。坐标点（n1，Pd）落在功率曲线顶点左侧范围内比较理想。

若实际润滑条件不好，则应将图 3-24 中的 P0 按以下推荐值降低：

当 v≤1.5m/s、润滑不良时，降至（0.3 ~ 0.6)P0；无润滑时，降至 0.15P0，且不能达到预期工作寿命 15000h。

当 1.5m/s<v≤7m/s、润滑不良时，降至（0.15 ~ 0.3)P0。

当 v>7m/s、润滑不良时，则传动不可靠，故不宜选用。

3）验算链速。链速由式（3-8）计算，一般不超过 12 ~ 15m/s，链速与小链轮齿数之间的关系推荐如下

v=0.6 ~ 3m/s z1≥17

3m/s≤v≤8m/s z1≥21

v>8 m/s z1≥25

4）初选中心距 a0。中心距小，则结构紧凑。但中心距小，链的总长缩短，单位时间内每一链节参与啮合的次数过多，链的寿命降低；而中心距过大，链条松边下垂量大，链条运动时上下颤动和拍击加剧。通常 a0=（30 ~ 50)p，最大中心距 a0max=80p。

为保证链在小链轮上的包角大于 120°，且大、小链轮不会相碰，其最小中心距可以由下面公式确定

i<4a0min=0.2z1（i+1）p

i≥4a0max=0.33z1（i-1）p

5）确定链节数 L_p。可以按下式确定计算链节数 L_p

$$L_p = \frac{2a_0}{p} + \frac{z_1 + z_2}{2} + \frac{p}{a_0}(\frac{z_2 - z_1}{2\pi})^2$$

（3-26）

L_p 应圆整成整数且最好取偶数，以避免使用过渡链节。

6）确定实际中心距 a。可按下式计算理论中心距

$$a = \frac{p}{4}[(L_p - \frac{z_1 + z_2}{2}) + \sqrt{(L_p - \frac{z_1 + z_2}{2})^2 - 8(\frac{z_2 - z_1}{2\pi})^2}]$$

（3-27）

实际链传动应保证松边有一个合适的安装垂度，实际中心距 a 应比按式（3-19）计算的中心距小 2 ~ 5mm。链传动的中心距应可以调节，以便于在链条变长后调整链条的张紧程度。

7）计算压轴力。链传动属于啮合传动，不需很大张紧力，因此压轴力可近似取为

FQ=1.2Fe（3-28）

式中 FQ——链通过链轮作用在轴上的压轴力（N）；

Fe——有效圆周力（N），Fe=1000P/v。

（2）低速链传动的静强度计算　链速 $v<0.6m/s$ 的链传动，即低速链传动。它的失效形式主要是过载拉断，应进行静强度计算。链的静强度计算式为

$$S = \frac{K_m F_{min}}{K_A F_e} \geqslant [S]$$

（3-29）

式中 S——静强度安全系数；

Fmin——单排链最小抗拉载荷，查有关表格；

[S]——许用安全系数，一般取 4 ~ 8。

第五节　螺旋传动的设计与选择

一、螺旋传动分类与特点

螺旋传动是利用螺纹副来传递运动和动力的，其主要功能是将回转运动变为直线运动，同时传递动力。按螺纹副摩擦性质不同，螺旋可分为滑动螺旋、滚动螺旋和静压螺旋。

滑动螺旋结构简单、加工方便、易于自锁，但摩擦阻力大、传动效率低（一般为30% ~ 40%），易磨损，低速或微调时可能出现爬行现象，定位精度和轴向刚度较差。常用作千斤顶、摩擦压力机的传力螺旋和机床进给、分度机构的传动螺旋。

滚动螺旋与静压螺旋均有摩擦阻力小、传动效率高的优点，前者效率在 90% 以上，后者效率可达 99%。且无低速爬行现象，不易磨损，寿命长，定位精度高。其主要缺点是结构复杂、加工困难。静压螺旋还需要一套压力稳定的供油系统。

按用途的不同，还可将螺旋分为传力螺旋、传动螺旋和调整螺旋。以传递力为主的传力螺旋，如图 3-24a 所示的千斤顶螺旋；以传递运动为主的传动螺旋，如图 3-24b 所示的车床进给螺旋；用以调整和固定零件的相对位置微调螺旋，如图 3-24c 所示的精密进给差动微调螺旋。

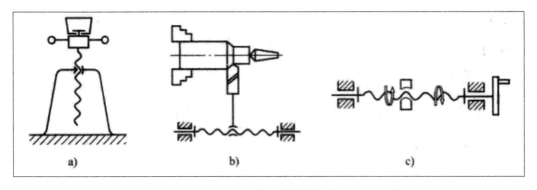

图 3-24　螺旋传动的类型

a）千斤顶螺旋　b）车床进给螺旋　c）精密进给差动微调螺旋

二、滑动螺旋传动的设计与选择

1. 滑动螺旋传动结构和失效形式

如图 3-25 所示，滑动螺旋由螺杆、螺母以及支承等结构组成。螺纹牙形常用三角形、锯齿形、梯形和矩形。螺母有整体式、剖分式和组合式三种。

滑动螺旋的失效形式主要有：

（1）螺纹磨损。滑动螺旋工作时，主要承受转矩及轴向拉力（或压力），同时螺杆与螺母的旋合螺纹间有较大的相对滑动，因此螺纹磨损是其主要失效形式。

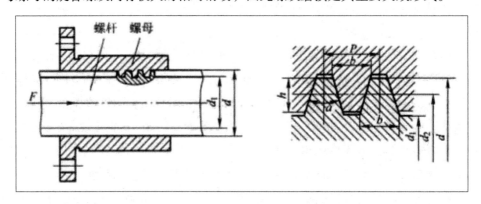

图 3-25　滑动螺旋结构

（2）螺杆及螺母的螺纹牙的塑性变形或断裂。对于受力较大的传力螺旋，螺杆受拉、压力作用，会引起螺杆和螺母的螺纹牙塑性变形或断裂。

（3）螺杆失稳。长径比很大的螺杆，受压后会引起侧弯而失稳。

（4）螺距变化。螺纹受剪力和弯矩过大时，螺距会发生变化从而引起传动精度的降低，因此传动螺杆直径应根据刚度条件确定。

滑动螺旋传动除以上的失效形式外，对于高速的长螺杆，应验算其临界转速，以防止产生横向振动；要求螺旋自锁时，应验算其自锁条件。

螺杆材料应具有高的强度和良好的加工性。不经热处理的螺杆，一般可选用45、50、Y40Mn 等钢。重载、转速较高的螺杆，可选用 T12、65Mn、40Cr、40WMn 或 20GrMnTi 等钢，并进行热处理。精密传动的螺杆，可选用 9Mn2V、CrWMn、38CrMoAl 等材料。

螺母材料除应有一定强度外，还应有较小的摩擦因数和较高的耐磨性。一般传动中可选用铸造青铜 ZCuSn10P1、ZCuSn5Pb5Zn5。重载低速时可选用高强度铸造青铜 ZCuAl10Fe3、ZCuAl10Fe3Mn2 或铸造黄铜 ZCuZn25Al6Fe3Mn3。低速轻载时也可选用耐磨铸铁。重载调整螺旋用螺母可选用 ZCuAl10Fe3 钢或球墨铸铁。

2. 滑动螺旋传动的设计计算

由于螺杆与螺母的旋合螺纹间存在着较大的相对滑动，因此，其主要失效形式是螺纹牙磨损，而且主要是螺母螺纹牙的磨损。

设计滑动螺旋时，通常先根据螺纹牙的耐磨性条件确定螺纹直径和螺母高度，然后根据要设计滑动螺旋的工作特点等，进行相关的校核计算。例如，对于传力螺旋，应校核螺杆危险截面处和螺母螺纹牙的强度；对要求自锁的螺旋应校核其自锁性；对于精密传动螺旋，应校核螺杆的刚度；对于受压螺杆，当其长径比较大时，应校核其稳定性；对于高速长螺杆，应校核其临界转速。要求自锁时，多采用单线螺纹；要求高效时，应采用多线螺纹。

（1）耐磨性计算、确定螺纹中径 d_2。目前，耐磨性计算是指计算并限制螺纹副接触面的压强 p，计算的目的在于确定螺纹中径 d_2（mm）。根据耐磨性条件，经推导可得

$$d_2 \geqslant \xi \sqrt{\frac{F}{4\psi[p]}}$$
（3–30）

式中 F——轴向载荷（N）；

$[p]$——许用压力（MPa），查表 3-11；

ξ——螺纹牙形系数，梯形和矩形螺纹取 ξ=0.8，30° 锯齿形螺纹取 ξ=0.65；

ψ——螺母高径比，ψ=H/d_2，整体式螺母取 ψ=1.2 ~ 2.5，剖分式螺母取 ψ=2.5 ~ 3.5。

表 3-11 滑动螺旋副的许用压力

螺杆材料	钢							
螺母材料	钢	青铜	铸铁	青铜	铸铁	耐磨铸铁	青铜	青铜
滑动速度v/（m/s）	低速		<3.4	<5	6~12	6~12	6~12	>15
许用压力[p]/Mpa	7.5~13	18~25	13~18	11~18	4~7	6~8	7~10	1~2

计算出 $d2$，便可从标准中选取相应的螺纹公称直径 d 和螺距 P，并可确定下列参数

1）螺母高度 H（mm）

$$H = \psi d2 \quad (3\text{-}31)$$

2）螺旋副旋合圈数 z

$$z = \frac{H}{P} \quad (3\text{-}32)$$

通常要求 z≤10。

3）螺纹工作高度 h（mm）。对梯形和矩形螺纹，h=0.5P；对 30° 锯齿形螺纹，h=0.75P。

（2）螺母螺纹牙的强度校核。通常螺母材料的强度低于螺杆材料的强度，故螺纹牙的剪切和弯曲破坏多发生在螺母上。将展开后的一圈螺母螺纹牙看做一悬臂梁（见图 3-26），可推得螺纹牙的剪切和弯曲强度条件为

$$\tau = \frac{F}{\pi dbz} \leqslant [\tau] \quad (3\text{-}33)$$

$$\sigma_b = \frac{3Fh}{\pi db^2 z} \leqslant [\sigma_b] \quad (3\text{-}34)$$

式中 b——螺母螺纹牙牙底宽度（mm），梯形螺纹 b=0.65p，矩形螺纹 b=0.5p，30° 锯齿形螺纹 b=0.74p；

$[\tau]$——螺母材料的许用切应力（MPa）；

$[\sigma b]$——螺母材料的许用弯曲应力（MPa）；

d——螺纹大径（mm）。

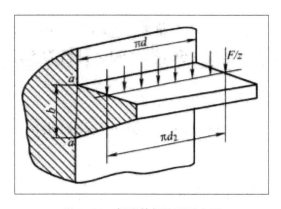

图 3-26 螺母的螺纹牙受力图

当螺杆与螺母材料相同时，只校核螺杆螺纹牙强度。此时，用螺杆螺纹小径代替 d 计算。

（3）螺杆强度校核。螺杆受轴向力（或拉力）F 和扭矩 T 作用，根据第四强度理论，其强度条件为

$$\sigma_{ca} = \sqrt{(\frac{4F}{\pi d_1^2})^2 + 3(\frac{T}{0.2d_1^3})} \leqslant [\sigma]$$

（3-35）

式中 T——螺杆危险截面上的扭矩（N·mm）；

$[\sigma]$——螺杆材料的许用应力（MPa）。

（4）螺杆稳定性校核 螺杆的稳定性条件为

$$\frac{F_c}{F} \geqslant 2.5 \sim 4$$

（3-36）

式中 F_c——螺杆的稳定临界载荷（N）。

当（$\beta l/i$）>85 ~ 90 时，取

$$F_c = \frac{\pi E I_a}{(\beta l)^2}$$

（3-37）

式中 l——螺杆的最大工作长度（mm）；

β——螺杆长度系数，与螺杆两端支承形式有关，取值范围为 0.5 ~ 2.0；

E——螺杆材料的弹性模量（MPa）；

I_a——螺杆危险截面的惯性矩（mm4），$I_a = \pi d_1^4/64$；

$$i = \sqrt{\frac{I_a}{A}} = \frac{d_1}{4}$$

i——螺杆危险截面的惯性半径（mm），，其中 A 为螺杆危险截面的面积（mm2），$A = \pi d21/4$。

当（$\beta l/i$）<90、材料为未淬火钢时，取

$$F_c = \frac{340i^2}{i^2 + 0.00013(\beta l)^2} \frac{\pi d_1^2}{4}$$

（3-38）

当（$\beta l/i$）<80、材料为淬火钢时，取

$$F_c = \frac{480i^2}{i^2 + 0.0002(\beta l)^2} \frac{\pi d_1^2}{4}$$

（3-39）

当（$\beta l/i$）<40 时，不必进行稳定性计算。

经计算若不满足稳定性条件，应增大 d 再计算。

（5）螺纹副的自锁条件计算。螺纹副的自锁条件为螺纹升角 λ 小于等于当量磨成角 ϕv。

$$\lambda = \arctan \frac{s}{\pi d_2} \leq \varphi_v = \arctan f_v = \arctan \frac{f}{\cos \beta}$$

（3-40）

式中 β——螺纹牙形半角，单位为（度）；

fv——螺纹副的当量摩擦因数；

f——螺纹副的摩擦因子，见表 3-12；

s——螺纹的导程（mm）。

表 3-12　滑动螺旋螺纹副的摩擦因数

螺杆材料	螺母材料	摩擦因素
钢	青铜	0.08~0.10
淬火钢	青铜	0.06~0.08
钢	耐磨铸铁	0.10~0.12
钢	灰铸铁	0.12~0.15

三、滚动螺旋传动的设计与选择

滚动螺旋传动又称滚动丝杠副或滚动丝杠传动，其螺杆与旋合螺母的螺纹滚道间置有适量滚动体（绝大多数滚动螺旋采用钢球，也有少数采用滚子），使螺纹间形成滚动摩擦。在变动螺旋的螺母上有滚动体返回通道，与螺纹滚道形成闭合回路，当螺杆（或螺母）转动时，使滚动体在螺纹滚道内循环，如图 3-27 所示。由于螺杆和螺

母之间为滚动摩擦，故提高了螺旋副的效率和传动精度。

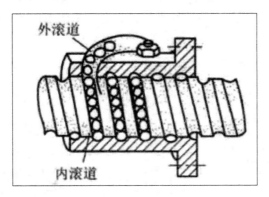

图 3-27 滚珠丝杠螺母副构成原理

1. 滚珠丝杠副的结构类型及选择

滚珠丝杠副中滚珠的循环方式有内循环和外循环两种。

内循环方式的滚珠在循环过程中始终与丝杠表面保持接触。如图 3-28 所示，在螺母 2 的侧面孔内装有接通相邻滚道反向器 4，利用反向器引导滚珠 3 越过丝杠 1 的螺纹顶部进入相邻滚道，形成一个循环回路。在同一螺母上装有 2～4 个滚珠用反向器，并沿螺母圆周均匀分布。

内循环方式的优点是滚珠循环的回路短、流畅性好、效率高、螺母的径向尺寸也较小。其不足是反向器加工困难、装配调整也不方便。

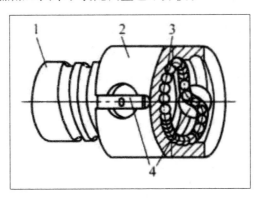

图 3-28 滚珠的内循环

1—丝杠 2—螺母 3—滚珠 4—相邻滚道反向器

浮动式反向器的内循环滚珠丝杠副如图 3-29 所示。其结构特点是反向器 1 上的安装孔有 0.01～0.015mm 的配合间隙，反向器弧面上加工有圆弧槽，槽内安装拱形片簧 4，外有弹簧套 2，借助拱形片簧的弹力，始终给反向器一个径向推力，使位于回珠圆弧槽内的滚珠与丝杠 3 表面保持一定的压力，从而使槽内滚珠代替了定位键而对反向器起到自定位作用。这种反向器的优点是：在高频浮动中达到回珠圆弧槽进、出口的自动对接，通道流畅、摩擦特性较好，更适用于高速、高灵敏度、高刚性的精密进给系统。

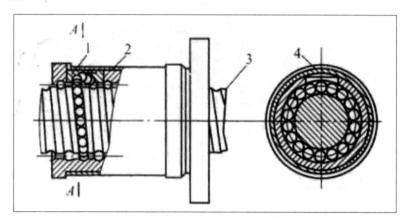

图3-29 浮动式反向器的内循环滚珠丝杠副

1—反向器 2—弹簧套 3—丝杠 4—片簧

外循环方式中的滚珠在循环反向时，离开丝杠螺纹滚道，在螺母体内或体外作循环运动。从结构上看，外循环有以下三种形式。

1）螺旋槽式，如图3-30所示。在螺母2的外圆表面上铣出螺纹凹槽，槽的两端钻出二个与螺纹滚道相切的通孔，螺纹滚道内装入两个挡珠器4引导滚珠3通过这两个孔，应用套筒1盖住凹槽，构成滚珠的循环回路。这种结构的特点是工艺简单、径向尺寸小、易于制造，但是挡珠器刚性差、易磨损。

2）插管式，如图3-31所示。用一弯管1代替螺纹凹槽，弯管的两端插入与丝杠5相切的两个内孔，用弯管的端部引导滚珠4进入弯管，构成滚珠的循环回路，再用压板2和螺钉将弯管固定。插管式结构简单、容易制造。但是径向尺寸较大，弯管端部用作挡珠器比较容易磨损。

3）端盖式，如图3-32所示。在螺母1上钻出纵向孔作为滚子回程滚道，螺母两端装有两块扇形盖板或套筒2，滚珠的回程道口就在盖板上。滚道半径为滚珠直径的1.4～1.6倍。这种方式结构简单、工艺性好，但滚道吻接和弯曲处圆角不易做准确而影响其性能，故应用较少。

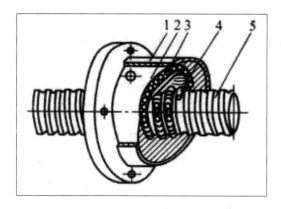

图 3-30　螺旋槽式外循环

1—套筒　2—螺母　3—滚珠　4—挡珠器　5—丝杠

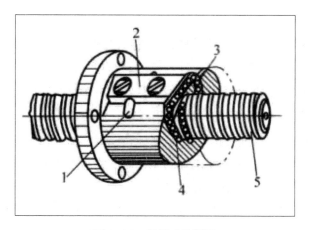

图 3-31　插管式外循环

1—弯管　2—压板　3—挡珠器　4—滚珠　5—丝杠

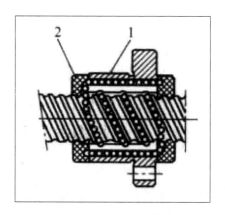

图 3-32　端盖式外循环

1—螺母　2—套筒

2. 滚珠丝杠副主要尺寸的计算

（1）滚珠丝杠副结构的选择。主要是指选择螺纹滚道型面、滚珠循环方式和预紧调隙方法。

根据防尘保护条件、对预紧和调隙的要求以及加工的可能性等因素，参照以上所述原则，进行结构形式的选择。

例如：当容许有间隙存在时（垂直运动件的进给传动等），应采用单圆弧滚道型面，而且只用一个螺母；当必须有预紧和在使用过程中因磨损而需要周期性地进行调整时，应采用带齿圈的双螺母；当具备良好的防尘保护，只需在装配时调整间隙和预紧时，可采用结构较简单的垫片式调隙的双螺母。

目前国内基本上都采用双圆弧形，单个螺母装好后径向有间隙，成对螺母预紧后消除轴向间隙。采用单圆弧时，必须严格控制丝杠和螺母的径向尺寸，以保证接触角接近 45°。

（2）按疲劳寿命选用。当滚珠丝杠副承受轴向载荷时，滚珠与滚道型面间便产生接触应力。对滚道型面上某一点而言，其应力状态是交变压力。在这种交变接触应力的作用下，经过一定的应力循环次数后，就要使滚珠或滚道型面产生疲劳点蚀。随着麻点的扩大，滚珠丝杠副就会出现振动和噪声，而使它失效，这是滚珠丝杠副的主要破坏形式。在设计滚珠丝杠副时，必须保证在一定的轴向载荷作用下，回转 100 万（106）转后，在它的滚道上由于受滚珠的压力而不致有点蚀现象，此时所能承受的轴向载荷，称为这种滚珠丝杠副的最大动载荷 C_a。

设计在较高速度下长时间工作的滚珠丝杠副时，因疲劳点蚀是其破坏形式，故应按疲劳寿命选用，并采用滚珠轴承的同样计算方法，首先从工作载荷 F 推算出最大动载荷 C_a。

由"机械零件"课程知

$$L = (\frac{C_a}{F})^3$$

（3-41）

$$C_a = \sqrt[3]{LF}$$

（3-42）

式中 C_a——最大动载荷（N）；

F——工作载荷（N）；

L——寿命（以 100 万转为 1 个单位，如 1.5 即为 150 万转）。

使用寿命 L 按下式计算

$$L = \frac{60nT}{10^6}$$

式中 n——滚珠丝杠副的转速（r/min）；

T——使用寿命（h）。

机器的使用寿命，可参考表 3-13。

表 3-13 各类机器的使用寿命

机器类别	使用寿命T/h	机器类别	使用寿命T/h
通用机械	5000~10000	仪器装置	15000
普通机床	10000	航空机械	1000
自动控制机械	15000		

当工作载荷 F 和转速 n 有变化时，则需要算出平均载荷 Fm 和平均转速 nm

$$F_m = \frac{F_1^3 n_1 t_1 + F_2^3 n_2 t_2 + \cdots\cdots}{n_1 t_1 + n_2 t_2 + \cdots\cdots}$$
（3-43）

$$n_m = \frac{n_1 t_1 + n_2 t_2 + \cdots\cdots}{t_1 + t_2 + \cdots\cdots}$$
（3-44）

式中 $F1$、$F2$——工作载荷（N）；

$n1$、$n2$——转速（r/min）；

$t1$、$t2$——时间（h）。

当工作载荷是在 $Fmin$ 和 $Fmax$ 之间单调连续或周期单调连续变化时，其平均载荷 Fm 可按下面近似公式计算

$$F_m = \frac{2F_{max} + F_{min}}{3}$$
（3-45）

式中 $Fmax$——最大工作载荷（N）；

$Fmin$——最小工作载荷（N）。

如果考虑滚珠丝杠副在运转过程中有冲击振动和考虑滚珠丝杠的硬度对其寿命的影响，则最大动载荷 Ca 的计算公式可修正为

$$C_a = \sqrt[3]{L} f_W f_H F$$
（3-46）

式中 fW——运转系数，查表 3-14；

fH——硬度系数，查表 3-15。

表3-14 运转系数

运转状态	运转系数fW
无冲击的圆滑运转	1.0~1.2
一般运转	1.2~1.5
有冲击的运转	1.5~2.5

表3-15 运转系数

硬度（HRC）	60	57.5	55	52.5	50	47.5	45	42.5	40	30	25
硬度系数fH	1.0	1.1	1.2	1.4	2.0	2.5	3.3	4.5	5.0	10	15

3. 滚珠丝杠副常用材料

滚珠丝杠副常用的材料及其特性与应用场合见表3-16。

表3-16 滚珠丝杠副常用材料及其特性与应用场合

材料	主要特性	应用场合
GCr15	耐磨性、接触强度高；弹性极限高，渗透性好；猝火后组织均匀，硬度高	用于制造各类机床、通用机械、仪器仪表、电子设备等配套的滚珠丝杠副
GCr15SiMn	渗透性更好、同时具有GCr15的优良特性	尤其适用大型机械、重型机床、仪器仪表、电子设备等配套的滚珠丝杠副
9M2V	具有较高的回火稳定性，猝火后的硬度较高，耐磨性高。但退火状态硬度仍较高，加工性能差	适用于长径比较大，精度保持性高，在常温下工作的精密滚珠丝杠副
CrWMn	淬透性、耐磨性好，淬火变形小。但淬火后直接冰冷处理时容易产生裂纹，磨削性能差	用于d=40~80mm，长度L≤2m的普通机械装置的滚珠丝杠
3Cr13 4Cr13	淬透性好，硬度高，耐磨，耐腐蚀	用于有高强度和高硬度要求，弱腐蚀场合下工作的滚珠丝杠副
38CrMoAlA	经氮化处理后，表面具有较高的硬度、耐磨性和抗疲劳强度，且具有一定的抗腐蚀能力。当采用离子氮化工艺时，零件变形更小，耐磨性更高	用于制造高精度、耐磨性、和抗疲劳强度高的，以及较大长径比的滚珠丝杠副

第六节 间歇传动的设计与选择

在机电一体化设备中，常用的间歇运动机构有棘轮机构、槽轮机构、转位凸轮机构及非完整齿轮机构，它们的结构和工作原理虽然不同，但其共同特点都是将主动件的连续或周期运动，转化为有一定运动和静止时间比的从动件间歇运动。间歇传动也可称为步进传动。

选择和设计间歇运动机构时，应注意下述基本要求。

1）移位迅速。

2）移位过程平稳无冲击。

3）停位准确、定位可靠。

一、棘轮传动

棘轮机构主要由棘轮和棘爪组成，工作原理如图 3-33 所示。棘爪 1 装在摇杆 4 上，能围绕 O1 点转动，摇杆空套在棘轮凸缘上作往复摆动。当摇杆（主动件）逆时针方向摆动时，棘爪与棘轮 2 的齿啮合，克服棘轮轴上的外加力矩 M，推动棘轮朝逆时方向转动，此时止动爪 3（或称止回爪、闸爪）在棘轮齿上打滑。当摇杆摆过一定角度 λ 且反向作顺时针方向摆动时，止动爪 3 把棘轮闸住，使其不致因外加力矩 M 的作用而随同摇杆一起作反向转动，此时棘爪 1 在棘轮齿上打滑而返回到起始位置。摇杆如此往复不停地摆动时，棘轮不断地按逆时针方向间歇地转动。扭簧 5 用于帮助棘爪与棘轮齿啮合。

棘轮传动有噪声、磨损快，但由于结构简单、制造容易，故应用较广泛。棘爪每往复一次推过棘轮齿数与棘轮转角的关系如下。

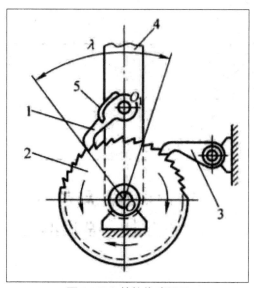

图 3-33　棘轮传动原理

1—棘爪　2—棘轮　3—止动爪　4—摇杆　5—扭簧

$\lambda = 360° \quad k/Z$ （3-47）

式中 λ——棘轮回转角（根据工作要求而定）；

k——棘爪每往复一次推过的棘轮齿数；

Z——棘轮齿数。

二、槽轮传动机构

（1）槽轮传动基本原理。槽轮传动机构是广泛应用的步进运动机构，它具有结构简单、转动平稳及效率高等特点。槽轮机构工作原理如图3-34所示。当主动件拨杆转过 θh 角时，拨动槽轮转过一个分度角 τh。此后，在拨杆转过其余部分角度（ $2\pi - \theta h$ ）时，槽轮静止不动，直到拨销进入槽轮的下一个槽内时，再次重复上述循环过程。槽轮机构通常利用拨盘上锁紧弧 α 实现对槽轮定位，使它停止则不能作任何方向的转动。

图3-34所示的外啮合平面正槽轮机构简称槽轮机构。这种槽轮机构的主要特点是槽轮转动开始和结束的瞬时，其角速度均为零，无刚性冲击。为此槽轮机构必须保证拨销开始进入槽轮径向槽和从径向槽中退出时，拨销中心运动轨迹要与槽轮径向槽的平分线相切。

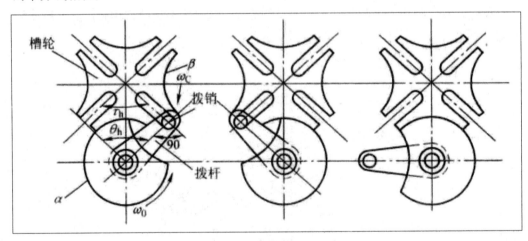

图3-34 槽轮传动原理

（2）槽轮机构的基本参数。图3-34中，槽轮相邻两槽间夹角，定义为分度角，用 τh 表示

$$\tau_h = \frac{2\pi}{z}$$
（3-48）

式中 z——为槽轮槽数。

对于无刚性冲击的正槽轮机构，有 $\tau h + \theta h = \pi$，故拨杆工作角 θh、空行程角 $\theta 0$ 和槽轮分度角 τh 之间的关系为

$$\theta_h = \pi - \tau_h = \frac{\pi(z-2)}{z}$$

$$\theta_0 = 2\pi - \theta_h = \frac{\pi(z+2)}{z}$$

设拨杆转动一周时间为 $T(s)$，则槽轮机构的运动时间 $th(s)$ 和静止时间 $t0(s)$ 为

$$\begin{cases} t_h = \dfrac{\theta_h}{2\pi}T = \dfrac{z-2}{z} \times \dfrac{30}{n_0} \\ t_0 = \dfrac{\theta_0}{2\pi}T = \dfrac{z+2}{z} \times \dfrac{30}{n_0} \end{cases}$$

（3-49）

式中 $n0$——拨杆的转动速度（r/min）。

若 th 与 $t0$ 之比为槽轮机构的时间系数 Kt，则

$$K_t = \frac{t_h}{t_0} = \frac{z-2}{z+2} = 1 - \frac{4}{z+2}$$

（3-50）

显而易见，当拨杆等速旋转时，槽轮机构的工作时间系数仅与槽轮槽数有关，槽数越多，槽轮运动时间 th 越长，生产率越低。所以，当仅用槽轮机构转位时，槽轮槽数不宜太多，一般取 $z=3 \sim 12$。槽轮的静止时间 $t0$ 通常按最长工序的工作时间确定，这样，当 $t0$ 和 z 确定后，就可按下式求得拨杆的转速 $n0$

$$n_0 = \frac{30}{t_0} \frac{z+2}{z}$$

（3-51）

三、空间凸轮转位机构

（1）结构形式和特点。空间凸轮转位机构，是利用空间凸轮的轮廓曲面推动转位盘的滚子（或拨销），使从动转位盘实现有一定运动时间和静止时间之比的步进分度运动机构。空间凸轮转位机构有两种结构形式，图 3-35a 所示为圆柱凸轮转位机构，图 3-35b 所示为蜗杆凸轮转位机构，也称圆弧形凸轮转位机构。它常用于要求高速、高精度分度转位场合。

空间凸轮转位机构的优点是：运动速度较高，且可实现转盘要求的任意运动规律；能得到任意的转位时间与静止时间比；一般情况下不必另外附加定位装置，利用凸轮

棱边定位就可以满足精度要求；运动平稳、刚度高等，是一种常用的转位机构。

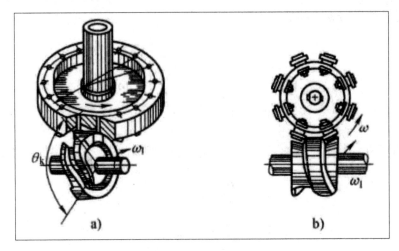

图 3-35　空间凸轮转位机

a）圆柱凸轮转位机构　b）蜗杆凸轮转位机构

（2）圆柱转位凸转基本计算。一个圆柱形凸轮推动一个滚子销盘带动回转台转动一个步距角。在同一时间里至少总是两个滚子进入啮合，如图 3-36 所示。分度与间歇之比由凸轮的形状来决定，与回转台每周的分度次数无关。间歇角由凸轮的工作角 ϕs 来确定，间歇角 $=360° - \phi s$。如果驱动电动机在两次分度之间的时间内被切断电源，间歇的时间就可以延长。在集中控制的情况下也可以使用控制凸轮。凸轮的工作角范围一般在 $60° \sim 90°$，可以由下式给出

$$\varphi_s = 360° \frac{t_s}{t_r}$$

（3-52）

节拍时间 tT 由分度时间 ts 和间歇时间 tr 组成

$$t_T = t_s + t_r$$

（3-53）

分度时间是损失时间，在这个时间内装配单元上不能进行任何操作。

销子的间距 h 可以由下式决定

$$h = 2r_1 \sin\left(\frac{180°}{n}\right)$$

（3-54）

式中 n——位数；

$r1$——滚子销盘的分度圆直径。

分度凸轮的宽度 B

$B=h\text{-}d$（3-55）

式中 d——滚子直径。

滚子的啮合深度 b

$b=(0.7\text{-}0.8)br$（3-56）

滚子高度 br 一般取 $br=d$。

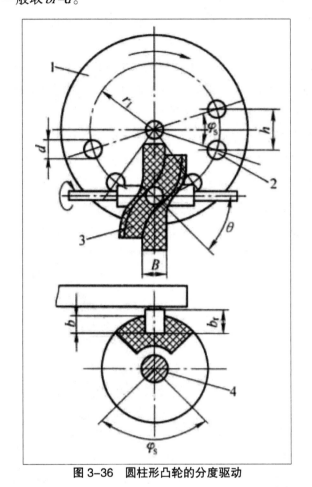

图 3-36 圆柱形凸轮的分度驱动

1—分度盘 2—滚子环 3—圆柱凸轮 4—传动轴

为了分度过程的平稳，角 θ 应该取不大于 40°，绝对不能取大于 45°。凸轮间歇传动的回转台不需要另外附加定位机构，因为分度凸轮的直线部分可以起到锁定回转台位置的作用。

第七节 自动给料机构

自动给料机构的任务就是自动地把待加工工件定时、定量、定向地送到加工、装配、测试设备的相应位置，以便缩短辅助时间、提高劳动生产率、稳定产品质量和改善劳动条件。

图 3-37 为机床自动给料装置。由图可见，工件由工人装入料仓 1，机床进行加工时，给料器 3 向前推，隔料器 2 被给料器 3 的销钉带动逆时针方向旋转，其上部的工件便落入给料器 3 的接收槽中。当工件加工完毕后，弹簧夹头 4 松开，推料杆 6 将工件从弹簧夹头 4 中顶出，工件随即落入出料槽 7 中。送料时，给料器 3 向前移动将工件送到主轴前端并对准弹簧夹头 4，随后给料杆 5 将工件推入弹簧夹头 4 内。弹簧夹头 4 将工件夹紧后，给料器 3 和给料杆 5 向后退出，工件开始加工。当给料器 3 向前给料时，隔料器 2 在弹簧 8 作用下顺时针方向旋转到料仓下方，将工件托住以免落下。图中的料仓、隔料器和给料器属于自动供料机构，其他部件属于机床机构。

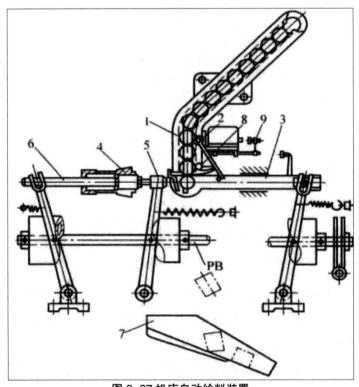

图 3-37 机床自动给料装置

1—料仓　2—隔料器　3—给料器　4—弹簧夹头　5—给料杆　6—推料杆　7—出料槽　8—弹簧
9—自动停车装置

一、自动给料机构分类及结构

自动给料机构按工件（材料）形状、尺寸等特征，可分为以下四类。

（1）粉、液料自动给料机构。主要是解决自动定量给料问题。

（2）管、棒料自动给料机构。主要是解决按工件所需长度周期地自动送料问题。

（3）卷料自动给料机构。主要是解决材料的校直、放料和制动、送料机构等问题。

（4）件料自动给料机构。因件料性质、工件尺寸及形状复杂程度不同，供料装置也截然不同。

1. 料仓

由于工件的重量和形状尺寸变化较大，因此料仓结构设计没有固定模式。一般把料仓分成自重式和外力作用式两种结构，如图 3-38 所示。

图 3-38a、b 所示为工件自重式料仓，它结构简单，应用广泛。图 3-38a 中，将料仓设计成螺旋式，可在不加大外形尺寸的条件下多容纳工件；图 3-38b 中，将料仓设计成料斗式，它设计简单，但料仓中的工件容易形成拱形面而阻塞出料口，一般应设计拱形消除机构。图 3-38c 所示为重锤垂直压送式料仓，它适合易与仓壁粘附的小零件；图 3-38d 所示为重锤水平压送式料仓；图 3-38e 所示为扭力弹簧压送工件的料仓；图 3-38f 所示为利用工件与平带间的摩擦力供料的料仓；图 3-38g 所示为链条传送工件的料仓，链条可连续或间歇传动；图 3-38h 所示为利用同步齿形带传送的料仓。

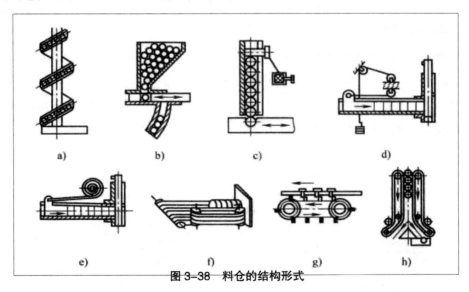

图 3-38 料仓的结构形式

2. 拱料消除机构

拱料消除机构一般采用仓壁振动器。仓壁振动器使仓壁产生局部、高频微振动，破坏工件间的摩擦力和工件与仓壁间的摩擦力，从而保证工件连续由料仓中排出。振动器振动频率一般为1000～3000次/min。当料仓中物料搭拱处的仓壁振幅达到0.3mm时，即可达到破拱效果。在料仓中安装搅拌器也可消除拱料堵塞，消除拱料的常用方法如图3-39所示。

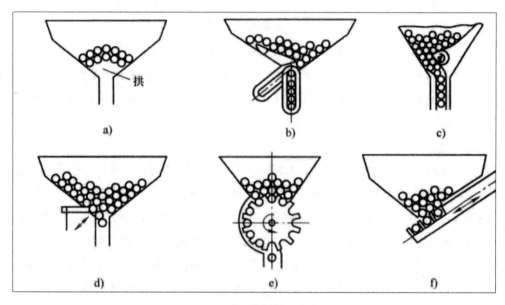

图3-39　消除拱料的常用方法

a）拱　b）摆动杠杆或料槽消拱　c）回转凸轮消拱　d）菱形隔板消拱　e）回转槽消拱

f）往复槽消拱

3. 料仓隔料器

隔料器是调节件料从料仓进入供料器的数量的一种机构，件料由料仓进入供料器是连续流动的。在料仓的末端由隔料器将件料的运动切断，并把件料和总的件料流按一个或几个隔开而将它们送入送料器。隔料机构依其运动特征分为往复运动隔料器、摆动运动隔料器、回转运动隔料器和具有复杂运动的隔料器4类形式，如图3-40所示。

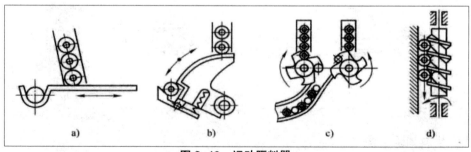

图3-40　运动隔料器

a）往复运动隔料器　b）摆动运动隔料器　c）回转运动隔料器　d）具有复杂运动的隔料器

二、电磁振动给料

振动送料装置在自动化生产设备中占有重要地位，它是一种高效的供料装置。振动送料装置的结构简单，能量消耗小，工作可靠平稳，工件间相互摩擦力小，不易损伤物料，供料速度容易调节；在供料过程中，可以利用挡板、缺口等结构对工件进行定向；也可在高温、低温或真空状态下进行工作。振动送料装置广泛应用于小型工件的定向及送料。

在振动输送物料（件料或散体物）的过程中，不用抓料机构就可以从料斗中选出物料，减小了物料之间的摩擦力，因此能促进物料在料斗中较自由地翻动和移动，能防止选料时损伤物料表面。在许多情况下，可对脆性零件和很薄壁的零件实现供料自动化。

振动料斗可避免物料在料仓或料斗中形成稳"拱"而产生阻塞，在料槽上的狭槽、台阶、沟槽或斜面上采用简单的结构就可解决毛坯的定向问题而不需要采用特殊的定向装置；使物料在料槽中的运动过程具有万能性和机动性，允许用同一个螺旋料槽输送不同尺寸和形状的零件（垫片、丝锥、钟表上的精细齿轮和轴、集成电路基片等）；能解决零件按尺寸来分选以及零件与切屑分离等一系列问题。

目前在自动化生产设备中广泛使用的有直线料槽式振动供料装置和圆料斗式振动供料装置，分别如图 3-41、图 3-42 所示。

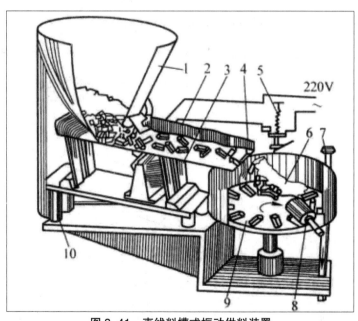

图 3-41　直线料槽式振动供料装置

1—料斗　2—直线料槽　3—振动器　4—定向器　5—联锁机构　6—探头　7—顶出器

8—回转刷　9—圆盘　10—缓冲器

（1）工件运动状态分析。如图 3-43 所示，设一个振动给料器的轨道沿着一个相对水平面成（θ+φ）的倾斜角度的直线轨迹作间歇运动。轨道的倾斜角为 θ，φ 是轨道与摆动线间的夹角。振动频率 f=60Hz，振动角频率 ω=2πf。振幅 a0 和瞬时速度、轨道加速度都可以在横向和轨道法线方向上分解。这些分量称为平行和法向运动，分别用下标 p 和 n 表示。在分析中，质量为 mp 的零件的运动与它的形状无关，同时，空气阻力可以忽略不计。同样还假设零件没有在轨道上沿轨道向下滚动的趋势。

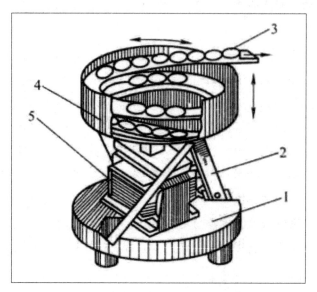

图 3-42　圆料斗式振动供料装置

1—底座　2—支撑板弹簧　3—工件　4—圆料斗　5—电磁激振器

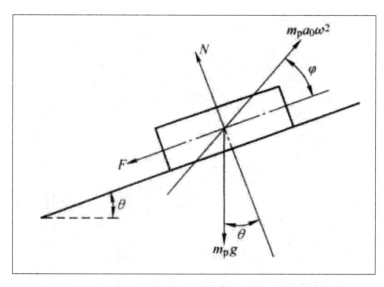

图 3-43　振动给料器中作用于零件上的力

零件放置在轨道上，振幅从零逐渐增加，分析零件在轨道上的动态特性是有用的。对于小振幅，零件将在轨道上保持不动，这是因为作用在零件上的平行惯性力太小，不能克服零件与轨道间的摩擦阻力 F。图 3-43 给出了当轨道处在它的运动上限时作用在零件上的最大惯性力。这个力分别有平行分量 $m_pa_0\omega^2\cos\phi$ 和法线分量 $m_pa_0\omega^2\sin\phi$，可以看到，当出现滑动时，有

$$m_p a_0 w^2 \cos\varphi > m_p g \sin\theta + F$$

（3-57）

其中

$$F = \mu_s N = \mu_s (m_p g \cos\theta - m_p a_0 w^2 \sin\varphi)$$

（3-58）

上式中，μs 是零件与轨道间的静摩擦因数。因此，联立式（3-57）和式（3-58），可以得沿轨道正向滑动的发生条件，即

$$\frac{a_0 w^2}{g} > \frac{\mu_s \cos\theta + \sin\theta}{\cos\varphi + \mu_s \sin\varphi}$$

（3-59）

与此类似，在振动循环过程中，出现反向滑动的条件为

$$\frac{a_0 w^2}{g} > \frac{\mu_s \cos\theta - \sin\theta}{\cos\varphi - \mu_s \sin\varphi}$$

（3-60）

一个振动式输送器的运行条件可以按照无量纲（量纲为 1）轨道法向加速度 A_n/g_n 来表示，这里，A_n 是轨道法向加速度（$A_n = a_n\omega^2 = a_0\omega^2\sin\phi$），$g_n$ 是重力法向加速度（$g\cos\theta$），g 是重力加速度（9.81m/s²）。从而有

$$\frac{A_n}{g_n} > \frac{a_0 w^2 \sin\varphi}{g \cos\theta}$$

（3-61）

把式（3-59）代入式（3-61）中，可得到正向滑动时，有

$$\frac{A_n}{g_n} > \frac{\mu_s + \tan\theta}{\cos\varphi + \mu_s}$$

（3-62）

把式（3-60）代入式（3-61）中，可得到反向滑动时，有

$$\frac{A_n}{g_n} > \frac{\mu_s + \tan\theta}{\cos\varphi - \mu_s}$$

（3-63）

比较式（3-62）和式（3-63），给出正向输送的限定条件。从而对于正向输送，有

$$\tan\varphi > \frac{\tan\theta}{\mu_s^2}$$

或当 θ 很小时，有

$$\tan\varphi > \frac{\theta}{\mu_s^2}$$

（3-64）

对于大振幅，在每个循环过程中，零件将脱离轨道，"跳跃"向前。仅当零件和轨道间的法向反作用力 N 变为零时才会出现这种情况。从图 3-43 可得

$$N = m_p g \cos\theta - m_p a_0 w^2 \sin\varphi$$

（3-65）

所以，零件脱离轨道时，有

$$\frac{a_0 w^2}{g} > \frac{\cos\theta}{\sin\varphi}$$

或

$$\frac{A_n}{g_n} > 1$$

（3-66）

从前面的分析可以明确，在每个循环过程中，在零件脱离轨道前，零件正向滑动。

（2）送料率 Q 的确定。振动料斗的送料率 Q（件 /min）由下式确定

$$Q = \frac{60 v_{均}}{L}\eta$$

（3-67）

式中 η——充满系数，即料槽全长上工件占据实际位置的百分数，形状简单而表面光滑的工件，$\eta = 0.7 \sim 0.9$，形状复杂而有毛刺的工件，$\eta = 0.4 \sim 0.5$；

L——沿移动方向上的工件长度（mm）；

v 平均——工件沿料槽移动的平均速度（mm/s）。

由实验知

v 平均 $= v_{max}Kv = A\omega Kv = 2\pi f A Kv$（3-68）

式中 Kv——速度损失系数，它与运动特性有关，取决于工件在料槽上的打滑程度，若工件沿料槽滑移前进，则 Kv=0.6 ~ 0.7，若工件作跳跃前进，则 Kv=0.8 ~ 0.82；

v_{max}——料槽的最大速度（mm/s）；

A——沿工件前进方向的料槽振幅（mm）；

ω——料槽的角频率（1/s），$\omega = 2\pi f$；

f——振动频率（Hz）。

将式（3-68）代入式（3-67），得送料率

$$Q = \frac{120\pi fA}{L}\eta K_v$$

（3-69）

由式（3-69）可见，送料率与振动频率 f、振幅 A、充满系数 η、速度损失系数 Kv 成正比，与工件长度 L 成反比。由于 L 是常数，f 不便变更，所以，提高送料率主要是通过增大振幅（如采用较大功率的电磁铁，使振动系统处于共振状态等）和提高速度损失系数 Kv。Kv 决定于料槽往返振动时速度的差异，以及工件与料槽间的摩擦力，因此，与电流波形和强度、振动系统的刚度、料槽的倾角 α、振动升角 β 和摩擦因数 μ 等有关。由此可见，要使振动料斗具有高的送料率和良好的工作性能，必须合理地确定参数。

第八节　轴系部件的设计与选择

轴系是由轴、轴承和安装于轴上的传动体、密封件及定位件组成的。其主要功能是支承旋转零件、传递转矩和运动。轴系按其在传动链中所处的地位不同可分为传动轴轴系和主轴轴系，一般对传动轴的要求不高，而作为执行件的主轴对保证机械功能、完成机械主运动有着直接的影响，因此对主轴有较高的要求。

一、主轴轴系的基本要求

主轴轴系总的要求是保证在一定载荷与转速下，主轴组件精确而稳定地绕其轴心旋转并长期地保持这种性能。对其基本要求如下。

（1）回转精度。瞬时回转中心线相对于理想回转中心线在空间的位置偏离，就是回转轴件的瞬时误差，这些瞬时误差的范围就是轴件回转精度。

（2）静刚度。静刚度是指弹性体承受的静态外力或转矩的增量与其作用下弹性体受力处所产生的位移或转角的增量之比，即产生单位变形量所需静载荷的大小。

（3）动态特性。主轴的动态特性，一般是指主轴抵抗冲击、振动、噪声的特性，通过几方面表现出来。

（4）噪声。噪声来源于振动。主轴振动主要由轴承引起。

（5）温升和热变形。轴系的典型区域温度与环境温度之差为温升。

（6）精度保持性。轴系组件的精度保持性是指长期地保持其原始制造精度的能力。

二、轴的设计

轴是组成机械的重要零件之一。它用来安装各种传动零件,使之绕其轴线转动,传递转矩或回转运动,并通过轴承与机架或机座相连结接。轴与其上的零件组成一个组合体——轴系部件,在轴的设计时,不能只考虑轴本身,必须和轴系零、部件的整个结构密切联系起来。

轴按受载情况分为转轴、心轴和传动轴三类。

(1)转轴。既支承传动机件又传递转矩,即同时承受弯矩和扭矩的作用。

(2)心轴。只支承旋转机件而不传递转矩,即只承受弯矩作用。心轴又分为固定心轴(工作时轴不转动)和转动心轴(工作时轴转动)两种。

(3)传动轴。主要传递转矩,即主要承受扭矩,不承受或承受较小的弯矩。

按轴的结构形状分为光轴和阶梯轴,实心轴和空心轴。

按几何轴线分为直轴、曲轴和钢丝软轴。

按截面分为圆形截面和非圆形截面。

轴的设计应满足下列几方面的要求:在结构上要受力合理,尽量避免或减少应力集中,足够的强度(静强度和疲劳强度),必要的刚度,特殊情况下的耐蚀性和耐高温性,高速轴的振动稳定性及良好的加工工艺性,并应使零件在轴上定位可靠、装配适当和装拆方便等。

三、轴的常用材料

应用于轴的材料种类很多,主要根据轴的使用条件,对轴强度、刚度和其他机械性能等的要求,采用热处理方式等,同时考虑制造加工工艺,并力求经济合理,通过设计计算来选择轴的材料。

轴的材料一般是经过轧制或锻造并经切削加工的碳素钢或合金钢。对于直径较小的轴,可用圆钢制造;有条件的可直接用冷拔钢材;对于重要的,大直径或阶梯直径变化较大的轴,采用锻坯。为节约金属和提高工艺性,直径大的轴还可以制成空心的,并且带有焊接的或锻造的凸缘。

轴常用的材料是优质碳素结构钢,如 35、45 和 50 钢,其中以 45 钢最为常用。不太重要及受载较小的轴可用 Q235、Q275 等普通碳素结构钢;对于受力较大、轴的尺寸受限制以及某些有特殊要求的轴可用合金结构钢。

球墨铸铁和一些高强度铸铁,具有铸造性能好、容易铸成复杂形状、吸振性能较好、应力集中敏感性较低、支点位移的影响小等优点,常用于制造外形复杂的曲轴和凸轮轴等。

同样的材料，在热处理工艺不同时，所得到的强度、硬度和疲劳极限等也会不同，所以在选择材料时，应确定其热处理方法。

受载荷大的轴一般用调质钢，大多数是含碳量在 0.30% ~ 0.60% 范围内的碳素结构钢和合金结构，调质钢能进行调质处理。调质处理后得到的是索氏体组织，它比正火或退火所得到的铁素体混合组织，具有更好的综合力学性能，调质钢种类很多，常用的有 35、45、40Ct、45Mn2、40MnB、35CrMo、30CrMnSi 和 40CrNiMo 等。调质钢回火时的回火温度不同，得到的力学性能也不同。回火温度高，硬度和强度低，但冲击韧度提高。因此可以通过控制回火温度来控制力学性能，以满足设计要求。由于轴类零件在淬透情况相同时，调质后的硬度可以反映轴的屈服强度和抗拉强度，因此在技术条件中只需规定硬度值即可。

四、轴的力学计算

1. 轴的强度计算

在工程设计中，轴的强度计算主要有三种方法：转矩法、当量弯矩法和安全系数校核法。

作用在轴上的载荷，一般按集中载荷考虑。这些载荷主要是齿轮啮合力和带传动、链传动的拉力，其作用点通常取为零件轮缘宽度中点。当作用在轴上的各载荷不在同一平面内时，可将其分解到两个互相垂直的平面内，然后分别求出每个平面内的弯矩，再按矢量法求得合成弯矩，以此弯矩来确定轴径。当轴上的轴向力较大时，还应计算由此引起的正应力。

计算时，通常把轴当作置于铰链支座上的双支点梁。轴的铰链支点位置按图 3-44 确定，一般轴的支点间距较轴承宽大得多，支点可近似取为轴承宽度的中点；其中向心推力轴承 a 值可从机械设计相关手册中查到。

（1）转矩法。转矩法是按轴所受转矩大小进行轴的强度计算方法。它主要用于传动轴的强度校核或设计计算。受较小弯矩作用的轴，一般也使用此计算方法，但应适当降低材料的许用扭应力。

强度条件为

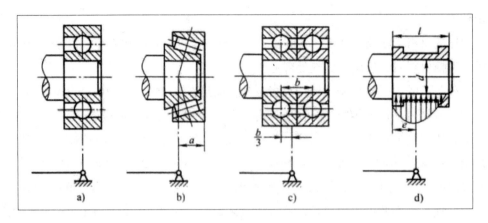

图 3-44 轴承支座支点位置的确定

a）深沟球轴承　b）圆锥滚子轴承　c）二个深沟球轴承　d）滑动轴承

$$\tau_T = \frac{T}{W_T} \leqslant [\tau_T]$$

（3-70）

式中　τ_T——轴的扭应力；

T——轴传递的转矩；

W_T——轴的抗扭截面系数，查机械设计手册可得。

对于实心圆轴，当已知其转速 n(r/min) 和传递的功率 P(kW) 时，上式可写为

$$\tau_T = \frac{9.55 \times 10^6 \dfrac{P}{n}}{0.2d^3} \leqslant [\tau_T]$$

（3-71）

式中　d——轴的直径（mm）。

由式（3-71）可得实心轴直径的设计式

$$d \geqslant \sqrt[3]{\frac{9.55 \times 10^6 P}{0.2d^3}} = C\sqrt[3]{\frac{P}{n}}$$

（3-72）

式中　C——计算常量，与轴材料及相应的许用扭应力 $[\tau_T]$ 有关，可按表 3-17 确定。当弯矩相对转矩很小或只受转矩时，$[\tau_T]$ 取较大值，C 取小值。对于采用 Q235 或 35SiMn 制造的轴，$[\tau_T]$ 取小值，C 取较大值。

表 3-17　轴常用材料的 $[\tau_T]$ 及 C 值

轴的材料	20、Q235	35、Q275	45	40Cr、35SiMn、2Crl3/38SiMnMo、42SiMn
$[\tau_T]$/MPa	12~20	20~30	30~40	40~52
C	160~135	135~118	118~106	106~98

轴上有键槽时，会削弱轴的强度。因此，轴径应适当增大。对于直径 d≤100mm 的轴，单键时轴径增大 5% ~ 7%，双键时增大 10% ~ 15%；直径 d>100mm 的轴，单键时轴径增大 3%，双键增大 7%。该方法求出的直径应作为轴上受转矩作用轴段的最小直径。

（2）当量弯矩法 当量弯矩法是按弯扭合成强度条件对轴的危险截面进行强度校核的方法。对于一般的转轴，该方法的安全性足够可靠。

依据试验，当量弯矩法的强度条件为

$$\sigma_c = \sqrt{\sigma^2 + 4(\alpha\tau)^2} \leqslant [\sigma_{-1b}]$$

（3-73）

式中 σ_e——当量应力。

由弯矩产生的轴的弯曲应力 σ 通常为对称循环应力，故取 $[\sigma_{-1b}]$ 为材料的许用应力。而由转矩产生的切应力 τ 通常不是对称循环应力，故引入了应力校正因子 α 对 τ 进行修正。α 可以根据转矩特性确定：通常对于不变的转矩，$\alpha = \dfrac{[\sigma_{-1b}]}{[\sigma_{+1b}]} \approx 0.3$；对于脉动循环的转矩，取 $\alpha = \dfrac{[\sigma_{-1b}]}{[\sigma_{0b}]} \approx 0.6$；对于对称循环的转矩，则取 $\alpha = 1$。$[\sigma_{+1b}]$、$[\sigma_{0b}]$ 和 $[\sigma_{-1b}]$ 分别为材料在静应力、脉动循环和对称循环应力状态下的许用弯曲应力，其值可由表 3-18 选取。通常情况下，考虑到机器运转的不均匀性和轴扭转振动的存在，从安全角度计，对于不变的转矩也常按脉动循环转矩计算。

表 3-18　轴的许用弯曲应力 （单位：MPa）

材料	$[\sigma_b]$	$[\sigma_{+1b}]$	$[\sigma_{0b}]$	$[\sigma_{-1b}]$
碳素钢	400	130	70	40
	500	170	75	45
	600	200	95	55
	700	230	110	65
合金钢	800	270	130	75
	1000	330	150	90
铸钢	400	100	50	30
	500	120	70	40

式（3-73）可写为

$$\sigma_c = \sqrt{\left(\frac{M}{W}\right)^2 + 4\left(\frac{\alpha T}{W_T}\right)^2} \leqslant [\sigma_{-1b}]$$

（3-74）

式中 M——轴截面所承受的弯矩；

　　T——轴截面所承受的转矩；

W——轴的抗弯截面系数，查机械设计手册可得。

对于实心圆轴，$WT=2W$，$W≈0.1d3$，故有

$$\sigma_c = \frac{1}{W}\sqrt{M^2 + (\alpha T)^2} = \frac{M_c}{W} ≤ [\sigma_{-1b}]$$
（3-75）

式中 Me——当量弯矩；

$$M_e = \sqrt{M^2 + (\alpha T)^2}$$

由式（3-75）可得到与 Me 对应的实心轴段的直径

$$d ≥ \sqrt[3]{\frac{M_e}{0.1[\sigma_{-1b}]}}$$
（3-76）

当轴的计算截面上开有键槽时，轴的直径应适当增大，其增大值可参考转矩法。

心轴只承受弯矩而不承受转矩，在应用式（3-74）或式（3-75）时，应取 $T=0$。转动心轴的弯曲应力为对称循环应力，取 $[\sigma_{-1b}]$ 为其许用应力；固定心轴应用在较频繁的起动、停车状态时，其弯曲应力可视为脉动循环应力，取 $[\sigma_{0b}]$ 为其许用应力；载荷平稳的固定心轴，其弯曲应力可视为静应力，取 $[\sigma_{+1b}]$ 为其许用应力。

按当量弯矩法计算，是在弯矩、转矩都已知的条件下进行的。其一般步骤如下。

1）作出轴的空间受力简图。一般将作用力分解为垂直平面受力和水平平面受力。

2）分别作出垂直平面和水平平面的受力，并求出垂直平面和水平平面上支点作用反力。

3）作出垂直平面上的弯矩 MV 图和水平平面的弯矩 MH 图。

4）求出合成弯矩 M，并作出合成弯矩图。

5）作出转矩 T 图。

6）作出当量弯矩 Me 图，确定危险截面及其当量弯矩数值。

7）按式（3-75）或式（3-76）校核轴危险截面的强度。

（3）安全因数校核法。当需要精确评定轴的安全性时（如大批量生产或重要的轴），应考虑应力集中、尺寸效应和表面状态等因素的影响，常按安全因数校核法对轴的危险截面进行强度校核计算。安全因数校核法包括疲劳强度校核和静强度校核两项内容。

轴的疲劳强度校核是根据轴上作用的循环应力计算轴危险截面处的疲劳强度安全因数。其步骤为：

①作出轴的弯矩 M 图和转矩 T 图。

②确定应校核的危险截面。

③求出危险截面上的弯曲应力和切应力，将这两项循环应力分解成平均应力 σm、Tm 和应力幅 σa 和 Ta。

④按式（3-77）～式（3-79）分别计算弯矩作用下的安全因数 S_σ、转矩作用下的安全因数 S_τ 以及它们的综合安全因数 S

$$S_\sigma = \frac{k_N \sigma_{-1}}{\dfrac{k_\sigma}{\beta \varepsilon_\sigma}\sigma_a + \psi_\sigma \sigma_m}$$

（3-77）

$$S_\tau = \frac{k_N \tau_{-1}}{\dfrac{k_\tau}{\beta \varepsilon_\tau}\tau_a + \psi_\tau \sigma_m}$$

（3-78）

$$S = \frac{S_\sigma S_\tau}{\sqrt{S_\sigma^2 + S_\tau^2}} \geqslant [S]$$

（3-79）

式中　σ_{-1}——对称循环下的弯曲疲劳极限，查机械设计手册；

τ_{-1}——对称循环下的扭转疲劳极限，查机械设计手册；

kN——寿命因子，查机械设计手册；

$k\sigma$——弯矩作用下的疲劳缺口因子，查机械设计手册；

$k\tau$——转矩作用下的疲劳缺口因子，查机械设计手册；

$\varepsilon\sigma$——弯曲时的尺寸因子，查机械设计手册；

$\varepsilon\tau$——扭转时的尺寸因子，查机械设计手册；

β——表面状态因子，查机械设计手册；

$\psi\sigma$——弯曲等效因子，碳钢取 $\psi\sigma$=0.1～0.2，合金钢取 $\psi\sigma$=0.2～0.3；

$\psi\tau$——扭转等效因子，碳钢取 $\psi\tau$=0.05～0.1，合金钢取 $\psi\tau$=0.1～0.15；

[S]——疲劳强度的许用安全因子，材质均匀、载荷与应力计算较精确时，取 [S]≥1.3～1.5，材质不够均匀、计算精度较低时，取 [S]≥1.5～1.8，材质均匀性和计算精度都很低，或轴径 d>200mm 时，取 [S]≥1.8～2.5。

2. 轴的刚度计算

轴受到载荷作用时，会产生弯曲或扭转弹性变形，其变形的大小与轴的刚度有关，如果刚度不足，弹性变形过大，则往往影响零件的正常工作。例如，机床主轴的弯曲变形会影响机床的加工精度；安装齿轮的轴若产生过大的偏转角或扭角，将使齿轮沿齿宽方向接触不良，齿面载荷分布不均，影响齿轮传动性能；采用滑动轴承的轴，若产生过大的偏转角，轴颈和滑动轴承就会形成边缘接触，造成不均匀磨损和过度发热；电动机轴产生过大的挠度，就会改变转子和定子间的间隙，使电动机的性能下降。

轴的刚度分为弯曲刚度和扭转刚度，弯曲刚度用挠度 y 和偏转角 θ 度量，扭转刚度用单位长度扭角 φ 度量。轴的刚度计算，通常是计算轴受载荷时的弹性变形量，并将它控制在允许的范围内。

（1）扭转刚度校核计算 轴受转矩作用时，对于光轴，其扭转刚度条件是

$$\varphi = 5.73 \times 10^4 \frac{T}{GI_P} \leqslant [\varphi]$$

（3-80）

对于阶梯轴

$$\varphi = 5.73 \times 10^4 \frac{1}{Gl} \sum \frac{T_i l_i}{I_{Pi}} \leqslant [\varphi]$$

（3-81）

式中 ϕ——轴单位长度的扭角（°/mm）；

T——轴所受的转矩（N·mm）；

G——轴材料的切变弹性模量（MPa），对于钢材，$G=8.1 \times 10^4$MPa；

I_P——轴截面的极惯性矩（mm4），对于实心圆轴 $I_P = \pi d4/32$；

l——阶梯轴受转矩作用的总长度（mm）；

i——代表阶梯轴轴段的序号；

$[\phi]$——许用扭角（°/mm），与轴的使用场合有关。

（2）弯曲刚度校核计算 轴受弯矩作用时，其受力变化如图3-45所示。弯曲刚度条件是轴的挠度和偏转角都在许用的使用范围内，即

$y \leq [y]$（3-82）

$\theta \leq [\theta]$（3-83）

式中 $[y]$——轴的许用挠度（mm）；

$[\theta]$——轴的许用偏转角（rad）。

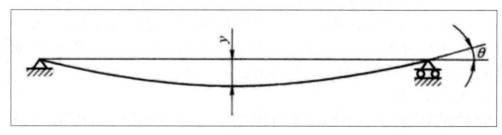

图 3-45 轴的挠度 y 和偏转角 θ

常见的轴大多可视为简支梁，对于光轴，可按材料力学中的公式去计算其挠度或偏转角。对于阶梯轴，可按材料力学中的能量法进行计算。如果各轴段直径相差不大，则可用当量直径法作简化计算，即把阶梯轴看成是当量直径为 dv 的光轴来进行计算。当量直径 dv（mm）为

$$d_v = \sqrt[4]{\dfrac{L}{\sum\limits_{i=1}^{z} \dfrac{l_i}{d_i^4}}}$$

（3-84）

式中 L——阶梯轴的计算长度，当载荷位于两支承之间时，$L=l$（l 为支承跨距），当载荷作用于悬臂端时，$L=l+c$（c 为轴的悬臂长度）；

l_i——阶梯轴第 i 段的长度；

d_i——阶梯轴第 i 段的直径，对于有过盈配合的实心轴段，可将轮毂作为轴的一部分来考虑，即取轮毂的外径作为轴段的直径；

z——阶梯轴计算长度内的轴段数。

3. 轴的振动与临界转速

轴在旋转过程中，其实体会产生反复的弹性变形，这种现象称为轴的振动。轴的振动有弯曲振动（又称横向振动）、扭转振动和纵向振动三类。

由于轴及轴上零件材质分布不均，以及制造和安装误差等因素的影响，导致轴系零件的质心偏离其回转中心，使轴系转动时受到以惯性离心力为主要特征的周期性强迫力的作用，从而引起轴的弯曲振动。如果轴的转速致使强迫力的角频率与轴的弯曲固有频率重合，就会出现弯曲共振现象。

当轴因外载因素产生转矩变化或因齿轮啮合冲击等因素产生转矩波动时，轴就会产生扭转振动。如果转矩的变化频率与轴的扭转固有频率重合，就会产生扭转共振现象。

另外，当轴受到周期性的轴向干扰力时，也会产生纵向振动，但由于轴的纵向刚度很大、纵向固有频率很高，一般不会产生纵向共振，其纵向振幅很小，因此通常予以忽略。

轴发生共振时的转速称为轴的临界转速。如果继续提高转速，运转又趋平稳，但当转速达到另一较高值时，共振可能再次发生。其中最低的临界转速称为一阶临界转速 nc1，其余为二阶 nc2、三阶 nc3……

轴的振动计算就是计算其临界转速，使轴的工作转速避开其各阶临界转速以防止轴发生共振。

工作转速 n 低于一阶临界转速的轴称为刚性轴，刚性轴转速的设计原则是 n<0.75nc1；工作转速高于一阶临界转速的轴称为挠性轴，挠性轴转速的设计原则是 1.4nc1<n<0.7nc2。

（1）单圆盘轴的一阶临界转速。在图 3-46 中，设圆盘的质量 m 很大，相对而言轴的质量很小，忽略不计。假定圆盘材料不均匀或制造有误差而存在不平衡，其质心 c 与轴线间的偏心距为 e。

当圆盘以角速度 ω 旋转时，圆盘的质量偏心将产生惯性离心力 F，其大小为

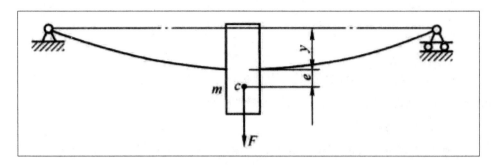

图 3-46　单圆盘轴振动计算简图

$F=m\omega^2(y+e)$（3-85）

式中 y——在离心力 F 作用下轴的挠度。

设轴的弯曲刚度为 k，轴弯曲变形时产生的弹性力 ky 应与离心力 F 平衡，则有

$F=ky$（3-86）

联立式（3-85）和式（3-86），得

$$y=\dfrac{e}{\dfrac{k}{m\omega^2}-1}$$

（3-87）

由式（3-79）可知，轴的转速一定时，挠度与偏心距成正比。为减小振动，应进行轴的动平衡试验，尽可能减小质量偏心误差。当轴的角速度逐渐增大时，挠度 y 也随之增大。在无阻尼的情况下，当 $k/(m\omega^2)$ 接近 1 时，理论上挠度 y 接近于无限大。这意味着轴会产生很大的变形而可能导致破坏。此时对应轴的角速度为一阶临界角速度 ω_{c1}，其值为

$$\omega_{c1}=\sqrt{\dfrac{k}{m}}$$

（3-88）

代入轴的刚度计算式 $k=mg/y_0$，得轴的一阶临界角速度为

$$\omega_{c1}=\sqrt{\dfrac{g}{y_0}}$$

式中 g——重力加速度；

y_0——轴的静挠度。

如以 $g=9810\text{mm/s}^2$，$\omega=\pi n/30\text{rad/s}$ 代入上式，可换算成以每分钟转数表示的一阶临界转速 n_{c1}（r/min）

$$n_{c1} = \frac{30}{\pi}\sqrt{\frac{g}{y_0}} \approx 946\sqrt{\frac{1}{y_0}}$$

（3-89）

轴的静挠度取决于轴系回转件的质量和轴的刚度。由此可知，轴的临界转速决定于轴系回转件的质量和轴的刚度，而与偏心距无关，回转件质量越大、轴的刚度越低，则 n_{c1} 越小。

（2）多圆盘轴的一阶临界转速

1）邓柯莱（Dunkerley）公式。建立在轴振动实验基础上的邓柯莱经验公式为

$$\frac{1}{\omega_{c1}^2} = \frac{1}{\omega_0^2} + \sum_{i=1}^{n}\frac{1}{\omega_{0i}^2}$$

（3-90）

式中 ω_0——轴不装圆盘时的一阶临界角速度；

ω_{0i}——轴上只装一个圆盘 m_i 而不计轴自身质量时的一阶临界角速度。

2）瑞利公式为

$$w_{c1} = \sqrt{\frac{g\sum\limits_{i=1}^{n}m_i y_{0i}}{\sum\limits_{i=1}^{n}m_i y_{0i}^2}}$$

（3-91）

式中 m_i——第 i 个圆盘的质量；

y_{0i}——轴上所有圆盘存在时，轴在圆盘 m_i 处的静挠度；

g——重力加速度。

多圆盘轴 ω_{c1} 的瑞利公式简图如图 3-47 所示。

式（3-90）和式（3-91）适用于等直径轴；阶梯轴临界转速的计算，需要用式（3-84）先将轴转化为当量等径光轴，再进行计算。

值得注意的是，式（3-88）~式（3-91）忽略了轴质量的影响，并假定所有的质量都是集中的，公式推导也没有考虑支承柔性的影响。轴的一阶临界角速度一般略低于计算值。

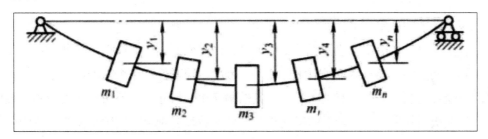

图 3-47　多圆盘轴 ω_{c1} 的瑞利公式简图

五、轴系用滚动轴承的类型与选择

主轴的旋转精度在很大程度上由其轴承决定，轴承的变形量占主轴组件总变形量的 30% ~ 50%，其发热量所占比重也较大，故主轴轴承应具有旋转精度高、刚度大、承载能力强、抗振性好、速度性能好、摩擦功耗小、噪声低和寿命长等特点。

主轴轴承可分为滚动轴承和滑动轴承两大类，使用中，应根据主轴组件工作性能要求、制造条件和经济效益综合考虑合理地选用。

1. 主轴常用滚动轴承的类型

常用的滚动轴承已经标准化和系列化，有向心轴承、向心推力轴承和推力轴承之分，共十多种类型，结构与分类如图 3-48 所示。

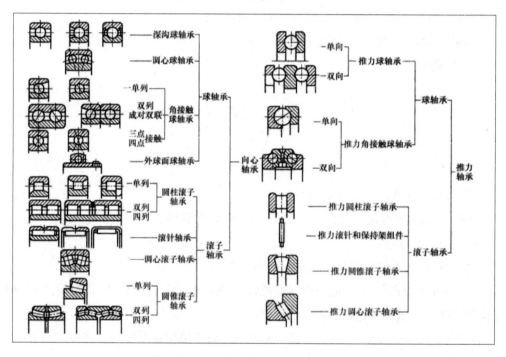

图 3-48　滚动轴承结构与分类

2. 滚动轴承的选用

滚动轴承的选用，主要看转速、载荷、结构尺寸要求等工作条件。一般来说，线接触轴承（滚柱、滚锥、滚针）承载能力强，同时摩擦大、相应极限转速较低。点接触球轴承则反之。推力球轴承对中性较差，极限转速较低。单个双列圆锥滚子轴承可同时承受径向载荷和单、双轴向载荷，且结构简单、尺寸小，但滚动体受力不在最优方向，使极限转速降低。轴系的径向载荷与轴向载荷分别由不同轴承承受，受力状态较好，但结构复杂，尺寸大。若径向尺寸受限制，则在轴颈尺寸相同条件下，成组采用轻、特轻或超轻系列轴承，虽然滚动体尺寸小，但数量增加，刚度相差一般不超过 10%。若轴承外径受限制，则成组采用轻、特轻轴承。用滚针轴承来减小径向尺寸只能在低速、低精度条件下使用。

一般轴系要同时承受径向载荷与双轴向载荷，可按下列条件考虑选用滚动轴承。

（1）中高速重载。双列圆柱滚子轴承配双向推力角接触球轴承。成对圆锥滚子轴承结构简单，但极限转速较低。空心圆锥滚子轴承的极限转速提高，但成本较高。

（2）高速轻载。成组角接触球轴承，根据轴向载荷的大小分别选用 25° 或 15° 接触角。

（3）轴向载荷为主。精度不高时选用推力轴承配深沟球轴承，精度较高选用向心推力轴承。

3. 滚动轴承的精度与配合

（1）精度。机电一体化产品滚动轴系的精度，一般根据该产品的功能要求和检验标准有所规定，如加工精密级轴系的端部，应根据径向圆跳动和轴向圆跳动来选择主轴轴承的精度。

滚动轴承按其基本尺寸精度和旋转精度的不同可分成 B、C、D、E、G 五级。其中 B 级最高，G 级为普通级，可不标明。机床主轴组件一般要求具有较高的精度，主要采用 B、C 和 D 三级。对一些精度特别高的主轴组件，且 B 级轴承还不能满足要求时，可自行精制或向轴承厂订购超 B 级（如 A 级）轴承，但是，随着轴承精度的提高，其制造成本也急剧增加，选用时应注意既能满足机床工作性能的要求，又要降低轴承的成本，做到经济效益好。

选择精度时，主要根据载荷方向。如仅受径向载荷的深沟球轴承和圆柱滚子轴承，主要根据内、外圈的径向运动，而推力轴承的精度等级，应按主轴组件轴向圆跳动公差，然后考虑其他因素的影响来选择。

主轴前、后支承的精度对主轴旋转精度的影响是不同的，如图 3-49 所示。图 3-49a 所示为前轴承内圈有偏心量 $\delta 0$，后轴承偏心量为零的情况，这时反映到主轴端部的偏心量为

$$\delta_1 = \frac{L+a}{L}\delta_0$$

（3-92）

图 3-49b 所示为后轴承内圈有偏心量 $\delta 0$，前轴承偏心量为零的情况，这时反映到主轴端部的偏心量为

$$\delta_2 = \frac{a}{L}\delta_0$$

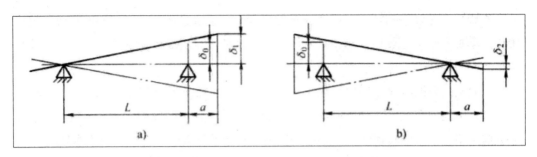

图 3-49　主轴前、后支承的精度对主轴旋转精度的影响

由此可见，前轴承内圈的偏心量对主轴端部精度的影响较大，对后轴承的影响较小。因此，前轴承的精度应当选得高些，通常要比后轴承的精度高一级。

（2）配合。滚动轴承内、外圈往往是薄壁件，受相配的轴颈、箱体孔的精度和配合性质的影响很大。要求配合性质和配合面的精度合适，不致影响轴承精度；反之则旋转精度下降，引起振动和噪声。配合性质和配合面的精度还影响轴承的承载能力、刚度和预紧状态。滚动轴承外圈与箱体孔的配合采用基轴制。内圈孔与轴颈的配合采用基孔制，但作为基准的轴承孔的公差带位于以公称直径为零线的下方。这样，在采用相同配合的情况下，轴承孔与轴颈的配合更紧些。

轴承配合性质的选择，要考虑下列工作条件。

1）负荷类型。承受始终在轴承套圈滚道的某一局部作用的局部负荷的套圈，配合应相对松些。承受依次在轴承套圈的整个滚道上作用的循环负荷的套圈，配合应相对紧些。负荷越大，配合的过盈量应大些。承受冲击、振动负荷，比承受平稳负荷的配合应更紧些。

2）转速。一般转速越高，发热越大，轴承与运动件的配合应紧些，与静止件的配合可松些。

3）轴承的游隙和预紧。轴承具有基本游隙，配合的过盈量应适中。轴承预紧、配合的过盈量应减小。

4）结构刚度。若配合零件是空心轴或薄壁箱体，或配合零件材料是铝合金等弹性模量较小的材料，配合应选得紧些;对结构刚度要求较高的轴承，也应把配合选得紧些。

4.滚动轴承的寿命

选定滚动轴承型号之后，必要时还需要校核轴承的寿命。有关轴承寿命的计算可参阅机械设计手册。

5.滚动轴承的刚度

（1）刚度的定义与测量　轴承刚度的定义用下式表示

$$k = \frac{\triangle F}{\triangle l}$$

（3-93）

式中 k——轴承刚度；

$\triangle F$——外载荷的改变量，载荷为力或力矩；

$\triangle l$——内、外圈间位移的改变量，位移为线位移或角位移。

通过对轴承变形与轴承载荷关系的分析，得知相接触物体间相对位移 $\triangle l$ 与载荷增量 $\triangle F$ 呈非线性关系，即轴承刚度不是常数。轴承刚度分为径向刚度、轴向刚度和角刚度三类。

（2）交叉柔度　实测表明，轴承在径向力 Fr 作用下，同时产生径向相对位移 $\triangle xr$、轴向相对位移 $\triangle zr$ 和相对角位移 $\triangle \alpha r$，这种现象对角接触轴承尤为明显。

径向力 Fr 引起的相对角位移 $\triangle \alpha r$、轴向相对位移 $\triangle zr$ 与 Fr 之比，称为径向交叉柔度 fra 和 frz。

目前，对轴承的交叉柔度还处于理论研究阶段，在实际应用中，常忽略交叉柔度对轴承的影响。

六、轴系用滑动轴承的类型与选择

滑动轴承在运转中阻尼性能好，故有良好的抗振性和运动平稳性。按照流体介质不同，主轴滑动轴承可分为液体滑动轴承和气体滑动轴承；液体滑动轴承根据油膜压力形成的方法不同，有动压轴承和静压轴承之分；动压轴承又可分为单油楔和多油楔等。

1. 液体动压轴承

液体动压轴承的工作原理与斜楔的承载机理相同，动压轴承依靠主轴以一定转速旋转时带着润滑油从间隙大处向间隙小处流动，形成压力油楔而将主轴浮起，产生压力油膜以承受载荷。轴承中只产生一个压力油膜的称单油楔动压轴承，它在载荷、转速等工作条件变化时，油膜厚度和位置也随着变化，使轴心线浮动而降低了旋转精度和运动平稳性。

主轴轴系中常用的是多油楔动压轴承。当主轴以一定的转速旋转时，在轴颈周围能形成几个压力油膜，把轴颈推向中央，因而主轴的向心性较好，当主轴受到外载荷时，轴颈偏载造成压力油膜变薄，压力升高，相对方向的压力油膜变厚而压力降低，形成新的平衡。此时承载方向的油膜压力将比普通单油楔轴承的压力高，油膜压力越高和油膜越薄，则其刚度越大，故多油楔轴承较能满足主轴组件的工作性能要求。

2. 液体动压轴承的形式

（1）球头浮动式。图 3-50 所示短三瓦滑动轴承，它由三块扇形轴瓦组成，这种滑动轴承借助三个支承可以精确调整轴承间隙，一般情况下轴瓦和轴颈之间的间隙可调整到 5 ~ 6μm，而主轴的轴心飘移量可控制在 1μm 左右，因而具有较高的旋转精度。三个压力油楔能自动适应外加载荷，使主轴保持在接近于轴承中心的位置。而且，这种轴承还具有径向和轴向的自动定位作用，可以消除轴承边侧压力集中的有害现象。此外，这种轴承由于全部浸在油池中，可保证获得充分的润滑。由于轴承背面的凹球位置是不对称的，故主轴只宜朝一个方向旋转，不许反转。

它的油膜压力需在一定的轴颈圆周速度（v>4m/s）时形成。因为它的结构简单，制造维修方便，比滚动轴承抗振性好，运动平稳，故在各类磨床的主轴组件中得到广泛的应用。

（2）薄壁弹性变形式。如图 3-51 所示，箱壁 5 内的轴颈 4 位于薄壁套 3 内，有一定间隙。薄壁套 3 由一对滚子 6 和一个活动块 2 支承。在静止状态下，预紧弹簧 1 使薄壁套 3 变形，形成三个月牙形间隙。主轴空转产生液体动压力使薄壁套 3 回弹后与轴颈的间隙相当于油楔的出口端，月牙形间隙的深度相当于油楔的入口端。若薄壁套 3 设计合理，则主轴受力后仍能保持最佳间隙比，且可正反双向旋转。

图 3-52 为另一种薄壁弹性变形式油楔。五块轴瓦相互以五片厚度为 0.50 ~ 0.75mm 的钢片连接而成。轴瓦背面的圆弧形长筋的曲率半径小于箱体衬套内孔的半径，具有 1：20 的锥度，与箱体锥孔是五条线接触。轴瓦用螺纹结构调整后产生轴向位移，使钢片弹性变形而形成油楔。

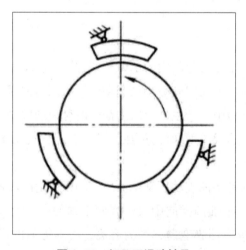

图 3-50　短三瓦滑动轴承

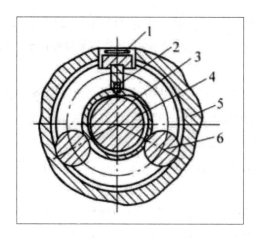

图 3-51　薄壁弹性变形式油楔（一）

1—预紧弹簧　2—活动块　3—薄壁套　4—轴颈　5—箱壁　6—滚子

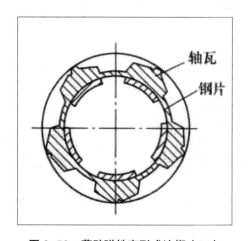

图 3-52　薄壁弹性变形式油楔（二）

3. 液体静压轴承

（1）液体静压轴承及其特点

1）具有良好的速度与方向适应性。既能在极低的转速下，又能在极高的转速下工作，在主轴正反向旋转及换向瞬间均能保持液体摩擦状态。因此广泛用于磨床、车床及其他需要经常换向的主运动轴上。

2）可获得较强的承载能力。只要增大油泵压力和承载面积，就可增大轴承的承载能力，故可用于重型机械中。如用于重量达 500～2000t 的天文光学望远镜旋转部件的支承。

3）摩擦力小、轴承寿命长。由于是完全液体摩擦，摩擦因数非常小，如用 N46 全损耗系统用油时摩擦因数约为 0.0005，摩擦力很小。轴颈和轴承之间没有直接磨损，轴承能长期保持精度。

4）旋转精度高，抗振性好。在主轴轴颈与轴承之间有一层高压油膜，具有良好的吸振性能，主轴运动平稳，它的油膜刚度高达 800N/μm，而动压轴承只有 200N/μm。

5）对供油系统的过滤和安全保护要求严格。要求配备一套专用供油系统，轴承制造工艺复杂。随着液压技术的进一步发展，静压轴承必将得到更广泛应用。

（2）静压轴承工作原理　静压轴承是利用外部供油（气）装置将具有一定压力的液（气）体通过油（气）孔进入轴套油（气）腔，将轴浮起而形成压力油（气）膜，以承受载荷。其承载能力与滑动表面的线速度无关，故广泛应用于低、中速，大载荷，高精度的机器。它具有刚度大、精度高、抗振性好、摩擦阻力小等优点。

图 3-53 为液体静压轴承工作原理图，油腔 1 为轴套 8 内面上的凹入部分；包围油腔的四周称为封油面；封油面与运动表面构成的间隙称为油膜厚度。为了承载，需要流量补偿。补偿流量的机构称为补偿元件，也称节流器（图 3-53 右半部分）。压力油经节流器第一次节流后流入油腔，又经过封油面第二次节流后从轴向（端面）和周向（回油槽 7）流入油箱。

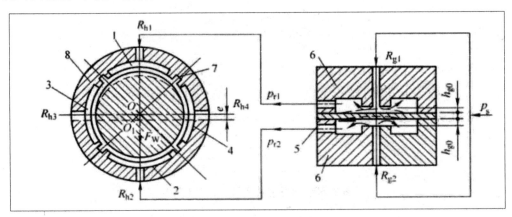

图 3-53　液体静压轴承工作原理

1、2、3、4—油腔　5—金属薄膜　6—圆盒　7—回油槽　8—轴套

在不考虑轴的重量，且四个节流器的液阻相等（即 Rg1=Rg2=Rg3=Rg4=Rg0）时，油腔 1、2、3、4 的压力相等（即 pr1=pr2=pr3=pr4=pr0），主轴被一层油膜隔开，油膜厚度为 A0，轴中心与轴套中心重合。

考虑轴的径向载荷 FW（轴的重量）作用时，轴心 O 移至 O1，位移为 e，各个油腔压力就发生变化，油腔 1 的间隙增大，其液阻 Rh1 减小，油腔压力 pr1 降低；油腔 2 却相反，油腔 3、4 压力相等。若油腔 1、2 的油压变化而产生的压差能满足 pr2=pr1=FW/A（A 为每个油腔的有效承载面积，设四个油腔面积相等），主轴便处于新的平衡位置，即轴向下位移很小的距离，但远小于油膜厚度 A0，轴仍然处在液体支承状态下旋转。

因为流经每个油腔的流量 $qh0$ 等于流经节流器的流量 $qg0$，即 $qh=qg=q0$ 为节流器进口前的系统油压，及 Rh（Rh1、Rh2、Rh3、Rh4）为各油腔的液阻，则

$q=pr/Rh=(ps-pr)/Rg$，求得油腔压力为

$$p_r = \frac{p_s}{1 + \dfrac{R_g}{R_h}}$$

对于油腔 1 和 2

$$p_{r1} = \frac{p_s}{1 + \dfrac{R_{g1}}{R_{h1}}}, \quad p_{r2} = \frac{p_s}{1 + \dfrac{R_{g2}}{R_{h2}}}$$

如果四个节流器的液阻是常量且相等，则

$$p_{r1} = \frac{p_s}{1 + \dfrac{R_{g0}}{R_h}}, \quad p_{r2} = \frac{p_s}{1 + \dfrac{R_{g0}}{R_{h2}}}$$

又因为油腔间隙液阻 Rh2>Rh1，故油腔压力 pr2>pr1。当节流器液阻同时发生变化，即 $Rg2<Rg1$ 时，$pr2 \gg pr1$，向上的推力很大，轴的位移可以很小，甚至为零，即刚度趋向无穷大。

节流器的作用是调节支承中各油腔的压力，以适应各自的不同载荷；使油膜具有一定的刚度，以适应载荷的变化。由此可知，没有节流器，轴受载后便不能浮起来。

节流器的种类很多，常用的有小孔（孔径远大于孔长）节流器；毛细管（孔长远大于孔径）节流器、薄膜反馈节流器。小孔节流器的优点是尺寸小且结构简单，油腔刚度比毛细管节流器大，缺点是温度变化会引起流体黏度变化，影响油腔工作性能。毛细管节流器虽轴向长度长、占用空间大，但温升变化小、工作性能稳定。小孔节流器和毛细管节流器的液阻不随外载荷的变化而变化，称为固定节流器。薄膜反馈节流器的液阻则随载荷而变，称为可变节流器，其原理如图 3-53 右半部分所示。它由两个中间有凸台的圆盒 6 以及两圆盒间隔金属薄膜 5 组成。油液从薄膜两边间隙 hg0 流入轴承上、下油腔（左、右油腔各有一个节流器）。当主轴不受载时，薄膜处于平直状态，两边的节流间隙相等，油腔压力 pr1=pr2，轴与轴套同心。当轴受载后，上、下油腔间隙发生变化使 $pr2$ 增大、$pr1$ 减小，薄膜向压力小的一侧弯曲（即向上凸起），引起该侧阻力（$Rg1$）增大、流量减少；另一侧阻力 $Rg2$ 减小，流量增加。使上、下油腔的压差进一步增大，以平衡外载荷，产生反馈作用。

4. 空气动压轴承

（1）工作原理。空气动压轴承的工作原理与液体动压轴承基本相似，是在轴颈和轴瓦间形成气楔。由于空气的黏度变化较小，用于超高速、超高低温、放射性、防污染等场合有独特的优越性。空气动压轴承已用于惯性导航陀螺仪、真空吸尘器的小型高速风机（18000r/min）、纺织机心轴（转速大于100000r/min）、波音747座舱内的三轮型空调制冷涡轮机（40000r/min）、太阳能水冷凝器、飞机燃气涡轮（35000r/min）等机器中。空气动压轴承不需气源、密封和冷却系统，耗能低，效率达99%，结构简单，工作可靠，寿命长，适用于超高速轻载的小型机械。

（2）空气动压轴承的形式。常见的空气动压轴承形式有悬臂式、波箔式等。悬臂式如图3-54所示，壳体2的内孔中均匀固定6~12片金属薄片1，如屋瓦那样叠搭在一起。金属薄壳1类似悬臂曲梁，曲率半径大于轴颈3，叠搭后形成比轴颈小的变径孔。轴颈插装进去使变径孔胀大，薄片组夹紧并支承着轴。当轴上的驱动转矩大于轴颈和薄片组的摩擦转矩时，轴开始旋转，轴的转速提高到某一定值时，轴颈与薄片间形成的气楔产生动压将轴颈托起，没有机械摩擦，转速可以升高，气膜刚度相应增大。当轴颈受到脉冲载荷时，所产生的多余能量转换成薄片组的变形能，使气膜仍保持必要的厚度。薄片还吸收高速转轴的涡动能量，阻碍自激振动的形成。图3-55所示为波箔式，金属平薄带3（平箔）和金属波形薄带4（波箔）一端紧固在壳体2上，另一端处于自由状态，可沿圆周方向伸缩。平箔支承在波箔上有一定弹性。轴颈1旋转时与平箔间形成气楔，将轴托起，无机械摩擦，能达到高速。波箔起着吸收能量、防止自激振动、保证主轴转速稳定的作用。

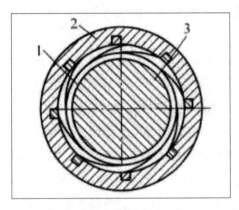

图3-54 悬臂式

1—金属薄壳　2—壳体　3—轴颈

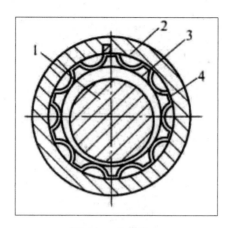

图 3-55 波箔式

1—轴颈　2—壳体　3—金属平薄带　4—金属波形薄带

5. 空气静压轴承

空气静压轴承的工作原理与液体静压轴承基本相似，是在轴颈和轴套间形成气膜。由于空气的黏度很小，流量较大，增加了气压装置的成本。为此应选用较小的间隙（为液体静压轴承的 1/3 ~ 1/2），且增大封气面宽度。气体密度随压力而变，要考虑质量流量而不是体积流量。气体静压轴承要用抗腐蚀的材料，防止气体中的水分等的腐蚀。气体静压轴承的形式主要有连接双半球式和球面式。

6. 动静压轴承

（1）工作原理

动静压轴承综合了动压轴承和静压轴承的优点，工作性能良好。如动静压轴承用于磨床，磨削外圆时表面粗糙度 Ra 值达 0.012mm，磨削平面时表面粗糙度 Ra 值达 0.025mm。按工作特性可分为静压起动、动压工作及动静压混合工作两类。

（2）动静压轴承形式

1）油楔加工式。图 3-56 所示动静压轴承的油楔是加工所得的。在轴承工作面上设置了静压油腔和动压油楔，使之在不影响静压承载能力的前提下能产生较大的动压力。当轴颈的偏心量较大时，工作面产生的动压力为供油压力的几十倍，大大增加了轴承的承载能力，也有效地降低了油泵的能量消耗。

2）油楔镶块式。图 3-57 所示动静压轴承的油楔是镶块式的，节流器装在轴承外。

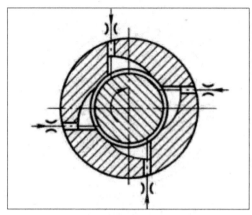

图 3-56　油楔加工式动静压轴承

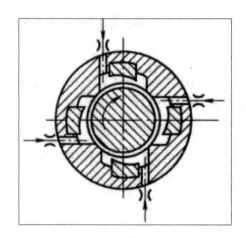

图 3-57　油楔镶块式动静压轴承

7. 磁悬浮轴承

磁悬浮轴承是利用磁力将轴无机械摩擦、无润滑地悬浮在空间的一种新型轴承。目前用于空间工业（如人造卫星的惯性轮和陀螺仪飞轮及低温涡轮泵）、机床工业（大直径磨床、高精度车床）、轻工业（涡轮分子真空泵、离心机、小型低温压缩机）、重工业（压缩机、鼓风机、泵、汽轮机、燃气轮机、电动机和发电机）等。

磁悬浮轴承的工作原理如图 3-58 所示。由图 3-58a 可知，径向磁力轴承由转子 1 和定子 2 组成。定子装有电磁体，使转子悬浮在磁场中。转子转动时，由位移传感器 4 随时检测转子的偏心，并通过反馈与基准信号（转子的理想位置）进行对比。由图 3-58b 可知，控制系统根据偏差信号进行调节，并把调节信号送到功率放大器，以改变定子电磁铁的电流，从而改变对转子的磁吸力，使转子向理想位置复位。

径向磁力轴承的转轴一般要配备辅助轴承。转轴工作时，辅助轴承不与转轴直接接触。当意外断电或磁悬浮失控时，辅助轴承能托住高速旋转的转轴，起安全保护作用。辅助轴承与转轴间的间隙一般为转子与电磁体气隙的一半。

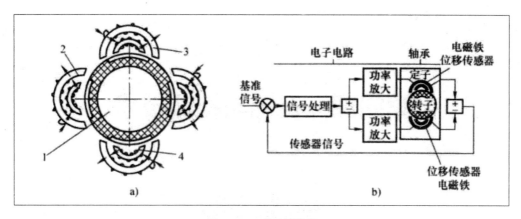

图 3-58　磁悬浮轴承

1—转子　2—定子　3—电磁铁　4—位移传感器

8. 提高轴系性能的措施

（1）提高轴系的旋转精度。轴承（如主轴）的旋转精度中的径向圆跳动主要是由以下因素引起的：①被测表面的几何形状误差；②被测表面对旋转轴线的偏心；③旋转轴线在旋转过程中的径向漂移等。

轴系轴端的轴向圆跳动主要是由以下误差引起的：①被测端面的几何形状误差；②被测端面对轴心线的垂直度；③旋转轴线的轴向圆跳动等。

提高其旋转精度的主要措施有：①提高轴颈与架体（或箱体）支承的加工精度；②用选配法提高轴承装配与预紧精度；③轴系组件装配后对输出端轴的外径、端面及内孔通过互为基准进行精加工。

（2）提高轴系组件的抗振性。轴系组件有强迫振动和自激振动，前者是由轴系组件的不平衡、齿轮及带轮质量分布不均匀以及负载变化引起的，后者是由传动系统本身的失稳引起的。

提高其抗振性的主要措施有：

1）提高轴系组件的固有振动频率、刚度和阻尼，通过计算或试验来预测其固有振动频率，当阻尼很小时，应使其固有振动频率远离强迫振动频率。一般讲，刚度越高、阻尼越大，则激起的振幅越小。

2）消除或减小强迫振动振源的干扰作用。构成轴系的主要零部件均应进行静态和动态平衡，选用传动平稳的传动件、对轴承进行合理预紧等。

3）采用吸振、隔振和消振装置。

另外，还应采取温度控制，以减小轴系组件热变形的影响。如合理选用轴承类型和精度，并提高相关制造和装配的质量，采取适当的润滑方式可降低轴承的温升；采用热隔离、热源冷却和热平衡方法以降低温度的升高，防止轴系组件的热变形。

第四章　传感与检测技术

第一节　概述

随着测量、控制与信息技术的发展，传感器以及相关检测技术被视为当今科学技术发展的关键因素之一。在机电一体化系统中，传感器的重要性越加明显。因此，掌握和深入研究传感器的基本原理、使用方法和应用场合，对于机电一体化系统的发展具有重要的实际意义。

机电一体化检测控制系统的构成如图 4-1 所示。

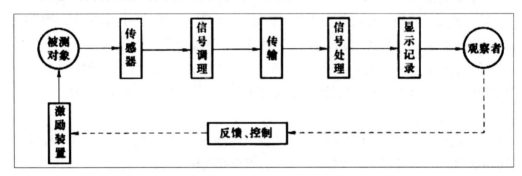

图 4-1　检测控制系统的构成

1）传感器直接作用于被测量，并能按一定规律将被测量转换成同种或别种量值输出，这种输出通常是电信号。

2）信号调理环节把来自传感器的信号转换成更适合于进一步传输和处理的形式。信号调理环节中的信号转换通常是电量之间的转换。

3）信号处理环节接受来自调理环节的信号，该环节主要完成对前级信号的各种运算、滤波和分析工作，并最终将处理后的信号输至显示、记录或控制系统。

4）信号显示、记录环节以观察者易于识别的形式来显示测量的结果，或者将测量结果存贮，供必要时使用。

实际上，并非所有的测试系统都具备图 4-1 所示的所有环节，例如，传输环节实际上存在于各个环节的信号传递过程中，图中特别列出的传输环节是专指较远距离的通信传输，同其他环节之间的信号传输相比，远距离信号传输需要专门技术来解决传输过程中的信号衰减和干扰问题，因此，单独在图 4-1 中列出。

影响检测系统性能的因素有很多，相关理论也十分复杂，本章将重点介绍常用传感器的基本原理、结构、性能，以及传感器输出信号的调理、传输以及预处理方法。

第二节　传感器分类及特性

一、传感器的定义及作用

工程上通常把能够直接作用于被测量，并按一定规律将其转换成同种或别种量值输出的器件称为传感器。

传感器与人的感觉器官具有相似的作用，可以认为是人类感觉器官的延伸。传感器将力、位移、温度等物理量转换为易测信号（通常是电信号），然后由测量系统的调理环节进行进一步处理。传感器拓展了人类感知无法用感官直接感知的事物属性的能力，是人们认识自然界事物的强有力工具。

二、传感器的构成与分类

传感器一般是由敏感元件、能量转换元件以及基本转换电路三部分组成，如图 4-2 所示。

图 4-2　传感器的组成

其中，敏感元件可以直接感知被测量，然后按照一定关系输出同种或其他种类的物理量；能量转换元件能将敏感元件输出的非电量（位移、力、温度等）转换成基本电路参数（电容、电阻、电感、电压等），由于能量转换元件输出的电路参数一般较为微弱，难以被接下来的环节直接测量利用，因此，需要利用基本转换电路将基本电路参数转换成易于测量的电量（如电压、电流等）。

工程中常用传感器的种类繁多，往往一种物理量可用多种类型的传感器来测量，而同一种传感器也可以用于多种物理量的测量。对于机电一体化系统的常用传感器，其分类方法如下。

1）按被测量分类，可分为力传感器、位移传感器、速度和加速度传感器、温度传感器和湿度传感器等。

2）按传感器工作原理分类，可分为机械式传感器、电气式传感器、光学式传感器、流体式传感器、磁学式传感器、半导体式传感器、谐振式传感器、电化学式传感器等。

3）按被输出信号分类，可分为模拟式传感器和数字式传感器。

4）按信号变换特征分类，可分为物性型和结构型。物性型传感器是依靠敏感元件材料本身物理化学性质的变化来实现信号的变换，例如用水银温度计测温，是利用水银的热胀冷缩现象；压电测力传感器是利用石英晶体的压电效应等均属于物性型传感器。结构型传感器则是依靠传感器结构参量的变化而实现信号转换的，例如电容式传感器依靠极板间距离变化引起电容量的变化；电感式传感器依靠衔铁位移引起自感或互感的变化等均属于结构型传感器。

5）根据敏感元件与被测对象之间的能量关系，可分为能量转换型传感器和能量控制型传感器；能量转换型传感器，也称无源传感器，它不需要外部输入能量，而是直接由被测对象输入能量使其工作，例如，热电偶温度传感器、弹性压力传感器等。能量控制型传感器，也称有源传感器，是从外部供给辅助能量，并且由被测量来控制外部供给能量的变化。例如电感式位移传感器，需要外接高频振荡电源才能使用。

三、传感器的静态特性

如果被测试的信号是不随时间而变化的常量或者是在测试所需时间段内的变化极缓慢的变量，这样的信号称为静态信号，此时，传感器的输入输出关系称为传感器的静态特性。传感器的静态特性技术指标包括线性度、灵敏度、分辨力、迟滞和漂移等。

（1）线性度

在测量静态信号时，被测量的实际值和传感器显示值之间并不是线性关系，而为了便于标定和数据处理，总是以近似的线性关系来代替实际曲线。此时，需要采用直线对实际曲线进行拟合。拟合直线接近实际曲线的程度就是线性度。作为传感器的一项技术指标，一般用线性误差来表示，如图 4-3 所示，在装置标称输出范围 A 内，拟合直线与实际曲线的最大偏差用 B 来表示，此时，线性误差的相对值表达形式如下：

$$\text{线性误差} = \frac{B}{A} \times 100\%$$

（4-1）

拟合直线的算法较多，对于不同的拟合方法，按照上述公式计算得到的线性误差也不同，例如，如图 4-3 所示，显然，根据图 4-3b 拟合直线计算得到的线性误差明显小于图 4-3a。对于拟合直线的算法，目前没有一个统一的标准，因此在工程实际中，需要根据实际情况和使用要求，选择合适的拟合直线算法。

（2）灵敏度

灵敏度是用来描述测量装置对被测量变化反应能力的技术指标。

当装置的输入 x 有一个变化量 Δx，它引起输出 y 发生相应的变化量 Δy，则定义灵敏度为：

$$S = \frac{\Delta y}{\Delta x} \tag{4-2}$$

对于理想的线性传感器，其灵敏度应当满足：

$$S = \frac{\Delta y}{\Delta x} = \frac{y}{x} = \frac{b_0}{a_0} = 常数$$

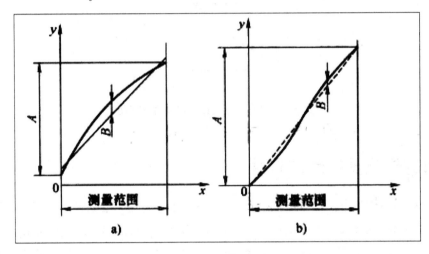

图 4-3　线性误差示意图

但是，传感器实际的输入输出关系并不总是线性的，灵敏度也不一定是常数，尽管如此，一般仍然将输入输出曲线拟合直线的斜率作为该传感器的灵敏度。

（3）分辨力

分辨力是指示装置有效地辨别紧密相邻量值的能力，即在规定测量范围内所能检测出的被测量的最小变化值，该值相对于被测量满量程的百分数为分辨率。一般认为数字装置的分辨力为最后位数的一个字，模拟装置的分辨力为指示标尺分度值的一半。

（4）迟滞

迟滞是描述传感器的输出与输入变化方向的特性。如图 4-4 所示，理想线性传感器的输出与输入如图 4-4 中直线所示，它有着完全单调的一一对应的线性关系。但对于实际的传感器，在同样的测试条件下，当输入量由小增大和由大减小时，对于同一输入量之间所得到的两个输出量之间却往往存在着一定的差值。在全测量范围内，最大的差值 h 称为迟滞误差，如图 4-4 中，$h=y20-y10$。

（5）漂移

传感器的静态特性随时间的缓慢变化称为漂移。在规定条件下，对一个恒定的输入在规定时间内的输出变化，称为点漂；标称范围内低值处的点漂，称为零点漂移，简称零漂。

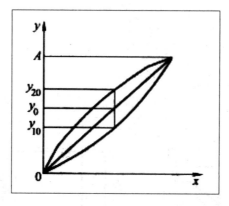

图 4-4　线性传感器的迟滞特性示意图

四、传感器的动态特性

当被测量是随时间变化的动态信号时，则需要研究被测量随时间的变化过程。此时，传感器不仅要能够反映被测量的大小，还需要显示被测量随时间的变化规律，即被测量的波形。传感器测量动态信号的能力用动态特性表示，动态特性是指传感器测量动态信号时，输出对输入的响应特性。

理想情况下，传感器的输出信号能够真实的再现输入信号随时间的变化规律，但在工程实际中，输出信号同输入信号相比都会存在一定的失真，为了使动态测量的失真较小，需要满足一定的不失真条件，不失真测试的相关内容请查阅信号处理方面的相关书籍，本书中不再介绍。

第三节　常用传感器与传感元件

一、位移传感器

机电一体化系统中经常需要测量位移量，位移传感器主要用于检测线位移和角位移等物理量。对于直线位移的测量，常见的有电感式位移传感器、电容式位移传感器以及光栅等；对于角位移传感器，本书主要介绍光电编码盘。

（1）电感式位移传感器

电感式位移传感器是基于电磁感应原理将位移转换为电感量变化的传感器。电感式位移传感器按照变换方式的不同可分为自感型（包括可变磁阻式与涡流式）与互感型（差动变压器式）两种，下面分别进行介绍。

1）自感型

①可变磁阻式。可变磁阻式传感器的构造原理如图 4-5 所示。它由线圈、铁芯和衔铁组成。

在铁芯和衔铁之间有气隙 δ。由电工学得知，线圈自感量 L 为：

$$L = \frac{W^2}{R_m}$$

（4-3）

式中 W——线圈匝数；

Rm——磁路总磁阻［H-1］。

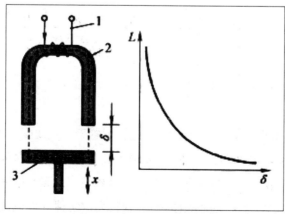

图 4-5　可变磁阻式传感器

1—线圈　2—铁芯　3—衔铁

如果空气隙 δ 较小，而且不考虑磁路的铁损时，则总磁阻为：

$$R_m = \frac{l}{\mu A} + \frac{2\delta}{\mu_0 A_0}$$
$$(4-4)$$

式中 l ——铁芯导磁长度；

μ ——铁芯磁导率；

A ——铁芯导磁截面面积，$A = a \times b$；

δ ——气隙长度；

μ_0 ——空气磁导率，$\mu_0 = 4\pi \times 1\text{-}7$；

A_0 ——空气隙导磁横截面面积。

因为铁芯磁阻远远小于空气隙的磁阻，计算时可忽略，故

$$R_m \approx \frac{2\delta}{\mu_0 A_0}$$
$$(4-5)$$

代入式（4-4），则

$$L = \frac{W^2 \mu_0 A_0}{2\delta}$$
$$(4-6)$$

式（4-6）表明，自感 L 与气隙 δ 成反比，而与气隙导磁截面面积 A_0 成正比。当 A_0 值固定，δ 变化时，L 与 δ 呈非线性关系，此时传感器的灵敏度为：

$$S = -\frac{W^2 \mu_0 A_0}{2\delta^2}$$
$$(4-7)$$

灵敏度 S 与气隙长度的平方成反比，δ 越小，灵敏度越高。由于 S 不是常数，故会出现线性误差。为了减小这一误差，通常规定在较小间隙范围内工作。设间隙变化范围为（ δ_0，$\delta_0 + \Delta\delta$），一般实际应用中，取 $\Delta\delta / \delta_0 \leq 0.1$。这种传感器适用于位移量较小的测量。

②涡电流式位移传感器。涡电流式传感器的变换原理是利用金属体在交变磁场中的涡电流效应。

涡电流效应的原理图如图 4-6 所示，将金属板置于一只线圈的附近，其间距为 δ。在线圈中通一高频交变电流 i，便产生磁通 Φ。交变磁通 Φ 通过邻近的金属板，金属板上此时产生感应电流 i_1。感应电流 i_1 在金属体内自身闭合，称为"涡电流"或"涡流"。同时，涡电流也将产生交变磁通 Φ_1。根据楞次定律，涡电流的交变磁场与线圈的磁场变化方向相反，Φ_1 总是抵抗 Φ 的变化。涡流磁场的作用使原线圈的等效阻抗 Z 发生变化，其变化程度与距离 δ 有关。

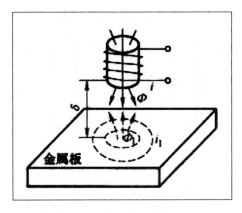

图 4-6　涡流传感器原理图

研究表明，高频线圈阻抗 Z 除了受线圈与金属板间距离 δ 影响以外，还受金属板电阻率 ρ、磁导率 μ 以及线圈激磁圆频率 ω 等因素的影响。任意改变其中某一因素时，可以进行不同目的的测量。例如，变化 δ，可作为位移、振动测量；变化 ρ 或 μ 值，可作为材质鉴别或探伤等。

涡电流式传感器的一个优点是可用于动态非接触测量，测量范围与传感器结构尺寸、线圈匝数和激磁频率密切相关，测量范围从 -1 ~ 1mm 到 -10 ~ 10mm，最高分辨力可达 1μm。除了以上优点之外，这种传感器还具有结构简单、使用方便、不受油液等介质影响等特点。以涡电流式传感器为核心的涡电流式位移和振动测量仪、测厚仪和无损探伤仪等在机械、冶金工业中日益得到广泛应用。实际上，这种传感器在径向振摆、转速和厚度测量、回转轴误差运动，以及在零件计数、表面裂纹和缺陷测量中都有成功应用。

2）互感型

差动变压器式电感传感器的工作原理是利用电磁感应中的互感现象，如图 4-7 所示。

当线圈 $W1$ 输入交流电流 $i1$ 时，在线圈 $W2$ 中产生感应电动势 $e12$，其大小与电流 $i1$ 的变化率成正比，公式如下：

$$e_{12} = -M \frac{di_1}{dt}$$

（4-8）

式中 M——比例系数，称为互感，其大小与两线圈相对位置及周围介质的导磁能力等因素有关，它表明两线圈之间的耦合程度。

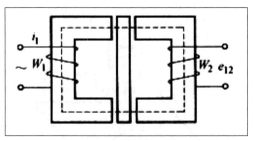

图 4-7　互感现象电路图

　　互感型传感器利用这一原理，将被测位移量转换成线圈互感的变化。实际上，互感型传感器的本质就是一个变压器，将初级线圈接入稳定交流电源，则在次级线圈感应出输出电压。由于常常采用两个次级线圈组成差动式，故又称为差动变压器式传感器。

　　差动变压器式电感传感器的分辨力能够达到 $0.1\,\mu m$，线性范围可达到 $-100 \sim 100mm$，同时具备稳定度好和使用方便等特点，因此，被广泛应用于直线位移的测量。但是差动变压器式电感传感器的实际测量频率上限受制于传感器中所包含的机械结构。

　　（2）电容式位移传感器

　　电容式位移传感器是将被测物理量转换为电容量变化的装置。由两个平行极板组成的电容器其电容量为：

$$C = \frac{\varepsilon_0 \varepsilon A}{\delta}$$

（4-9）

　　式中　ε——极板间介质的相对介电常数，在空气中 $\varepsilon = 1$；

　　　　　ε_0——真空中的介电常数，$\varepsilon_0 = 8.85 \times 10^{-12} F/m$；

　　　　　δ——极板间距离；

　　　　　A——极板面积。

　　式（4-9）表明，当被测量使电容器的基本参数 δ、A 或 ε 发生变化时，都会引起电容 C 的变化。因此，可以将电容器的某一个参数的变化量变换为电容量的变化。根据电容器变化的参数，可分为极距变化型、面积变化型和介质变化型三类。在实际中，极距变化型与面积变化型都可以用于测量位移，而介质变化型可以用鉴别材料，这里不作详述。

　　1）极距变化型

　　根据式（4-9），如果两极板间互相覆盖面积及极间介质不变，则电容量 C 与极距 δ 呈非线性关系，如图 4-8 所示。当极距有一微小变化量 $d\delta$ 时，引起电容的变化量 dC 为：

$$dC = -\varepsilon\varepsilon_0 A \frac{1}{\delta^2} d\delta$$

由此可以得到传感器灵敏度

$$S = \frac{dC}{d\delta} = -\varepsilon\varepsilon_0 A \frac{1}{\delta^2}$$

（4-10）

可以看出，灵敏度 S 与极距的平方成反比，因此极距越小灵敏度越高。根据灵敏度公式可以看出，灵敏度是随极距的变化而改变的，这将引起线性误差。因此，通常将极距的变化规定在较小的变化范围内，以便获得近似线性的关系。一般取极距变化范围约为 $\Delta\delta/\delta0=0.1$。

极距变化型电容传感器的优点是可进行动态非接触式测量，对被测工件的影响小；灵敏度高。但适用的位移范围较小，从 $0.01\,\mu m$ 至数百微米；同时这种传感器有线性误差，传感器的杂散电容对灵敏度和测量精确度有一定影响，与传感器配合使用的电子线路也比较复杂。由于以上一些缺点，其使用范围受到一定限制。

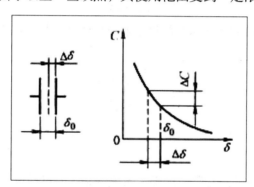

图 4-8　极距变化型电容传感器原理图

2）面积变化型

在变换极板面积的电容传感器中，一般常用的有角位移型和线位移型两种。

如图 4-9a 所示为平面线位移型电容传感器。当动板沿 x 方向移动时，动板和定板的重合面积发生变化，电容量也随之变化。其电容量 C 为：

$$C = \frac{\varepsilon_0 \varepsilon bx}{\delta}$$

（4-11）

式中 b——极板宽度。

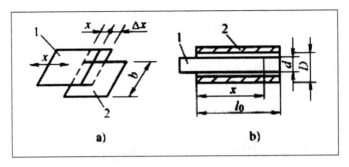

图 4-9 面积变化型电容传感器

a）平面线位移型 b）圆柱体线位移型

1—动板 2—定板

该传感器灵敏度为：

$$S = \frac{dC}{dx} = \frac{\varepsilon_0 \varepsilon b}{\delta}$$

（4-12）

对于如图 4-9b 所示的圆柱体线位移型电容传感器。其电容为：

$$C = \frac{2\pi\varepsilon_0\varepsilon x}{\ln\dfrac{D}{d}}$$

（4-13）

式中 D——圆筒孔径；

d——圆柱外径。

当覆盖长度 x 变化时，电容量 C 随之发生变化，其灵敏度为：

$$S = \frac{dC}{dx} = \frac{2\pi\varepsilon_0\varepsilon}{\ln\dfrac{D}{d}}$$

（4-14）

根据灵敏度公式可知面积变化型电容传感器的输出与输入成线性关系。但与极距变化型相比，灵敏度较低，适用于相对较大直线位移及角位移的测量。

（3）光栅

光栅是基于光电转化原理而制成的位移检测元件，它的测量精度很高，分辨率可以达到 1μm 甚至更高，响应速度很快，量程很大。

图 4-10 所示为光栅的组成结构示意图，它由光栅尺、指示光栅、光电二极管和光源构成，光栅尺长度一般远超指示光栅，但光栅尺与指示光栅的光刻密度相同，一般为 25 条 /mm、50 条 /mm、100 条 /mm、250 条 /mm。使用时，一般将光栅尺安装

在相对固定的基体上，而指示光栅安装在移动被测物体上，指示光栅平行于光栅尺，两者的刻线相互倾斜一个很小的角度，这时在指示光栅上就出现了几条较粗的明暗条纹，称之为莫尔条纹，如图4-11中的两条横向黑色粗线条，它们沿着与光栅条纹几乎呈垂直的方向排列。随着技术进步，光栅的基本组成元件的集成度越来越高，有些光栅只包含光栅尺和读数头两部分，读数头同时起到了指示光栅、光电二极管和光源的作用，使得光栅的结构更为简单，可靠性更高，但基本原理并没有明显变化。

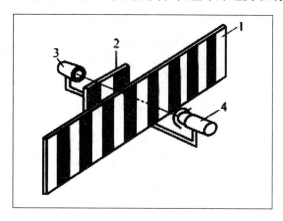

图 4-10　光栅的组成结构示意图

1—光栅尺　2—指示光栅　3—光电二极管　4—光源

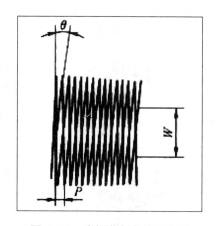

图 4-11　光栅莫尔条纹示意图

光栅莫尔条纹起到了放大的作用，用 W 表示莫尔条纹宽度，P 表示光栅栅距，则有公式：

$$W \approx \frac{P}{\theta} \tag{4-15}$$

（4）光电编码器

光电码盘与光栅类似，同样是基于光电转化原理。两者的区别在于光电编码器可以将机械传动的模拟量转换成旋转角度的数字信号，是进行角位移检测的传感器。根据刻度方法及信号输出形式，光电编码器可以分为增量式光电编码器和绝对式光电编码器。

1）增量式光电编码器

增量式光电编码器采用圆光栅，通过光电转换器件，将旋转角位移转换成电脉冲信号，经过电路处理后，将输入的机械量转换成相应的数字量。光电编码器由装在被测轴（或与被测轴相连接的输入轴）上的带缝隙的编码圆盘、带两相缝隙的指示标度盘和光电器件组成，如图4-12所示。编码圆盘安装在旋转轴上并随之一起旋转，指示标度盘与传感器外壳固定。编码圆盘上刻有等分的明暗相间的主信号窗口和一个绝对零点信号窗口。在指示表盘上有三个窗口，一个作为零信号窗口，一般定义为Z相原点信号输出；其余两个窗口，当一个窗口与编码圆盘窗口对准时，另一个窗口与编码圆盘上的相应窗口相差90°，这两个窗口一般定义为A相、B相输出，采用A相和B相两相信号输出可以用于判断码盘的旋转方向。

增量式编码器只需要发光二极管和光敏二极管两个光电转换元件，体积小、结构紧凑、质量轻、启动力矩小、同时具有较高的精度。增量式光电编码器是非接触式的，该类型编码器寿命长、功耗低、耐振动、可靠性高，在角度测量领域应用广泛，在一些情况下，可以间接用于转速和转动加速度测量。

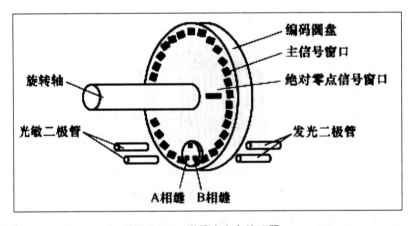

图4-12　增量式光电编码器

2）绝对式光电编码器

绝对式光电编码器的基本构成与增量式光电编码器类似，两者的主要区别在于编码盘不同。绝对式光电编码器的编码盘由透明及不透明区组成，这些透明区及不透明区按一定编码构成，编码盘上码道的条数就是数码的位数，如图4-13所示，码盘含有 4 个码道，图 4-13a 为 4 位自然二进制编码器的编码盘，图 4-13b 为 4 位格雷码编码盘。

绝对式光电编码盘的码盘码道数量可以做的很多，相应地，码道数越多，编码器的分辨率越高。与增量式编码器类似，绝对式编码器同样为非接触式测量，具有使用寿命长、可靠性高等优点。但缺点是结构较增量式编码器复杂，光源寿命较短。

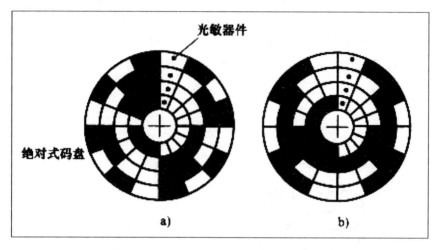

图 4-13 绝对式光电编码器的编码盘结构示意图

二、力传感器

在机电一体化领域中，力的测量十分重要。力的测量信息可以用于分析和研究零件、结构或机械的受力状况和工作状态，验证设计计算结果的正确性，对于确定整机工作过程中的负载谱和某些物理现象的机理具有重要意义。力传感器还是测量许多相关物理量的重要手段，如应力、扭矩、力矩、功率、压力、刚度等量的测量方法与力的测量都具有密切关系。

力的测量原理和测量方法有很多种，其中最为常见的是利用在被测力作用下弹性元件的变形或应变来测得被测力，这种方法适用于静态力或频率在数千赫兹以下的动态力的测量，是一种应用极广泛的测力方法，下面着重予以介绍。

（1）电阻应变片式力传感器

电阻应变式力传感器的基本原理是使用电阻应变片测量构件的表面应变，并根据应变与应力的关系式，确定构件表面应力状态，进而转化成力，实现力的测量。通过布置电阻应变片在被测构件表面的位置，可以实现弯曲、扭转、拉压和弯扭复合等其他物理量的测量，应变片的布置和接桥方法可参阅其他有关专著。

图 4-14a 所示是一种用于测量压力的电阻应变片式传感器的典型构造。其中，受

力弹性元件是一个圆柱加工成的方柱体，在四侧面上贴电阻应变片。为了提高灵敏度，采用内圆外方的空心柱。传感器的敏感方向为 Z 轴方向，增加侧向加强板用来增大弹性元件在传感器径向截面的刚度，同时减小对传感器轴向灵敏度的影响。应变片按图 4-14b 所示粘贴并采用全桥接法，全桥接法可以消除弯矩的影响，同时也具有温度补偿功能。为了提高力传感器的精度，可在电桥某一臂上串接一个温度敏感电阻 Rg，用以补偿应变片电阻温度系数的微小差异，用另一温度敏感电阻 Rm 和电桥串接，用以改变电桥的激励电压，以补偿弹性元件弹性模量随温度变化而产生的影响。

若在传感器上施加一压缩力 F，则传感器弹性元件的轴向应变 ε1 为：

$$\varepsilon_1 = \frac{\sigma}{E} = \frac{F}{EA}$$

（4-16）

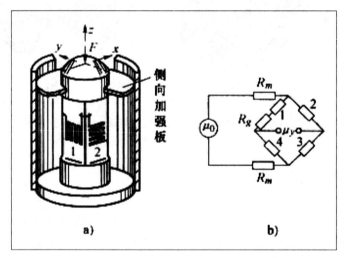

图 4-14 贴应变片柱式力传感器

注：应变片 3 和 4 分别贴在 1 和 2 的对面

用电阻应变仪测出的指示应变为：

$$\varepsilon = 2(1 + \mu)\ \varepsilon_1$$

（4-17）

式中 F——作用于传感器上的载荷；

E——承载材料的弹性模量；

μ——承载材料的泊松比；

A——承载截面面积。

（2）差动变压器式力传感器

图 4-15 是一种差动变压器式力传感器。弹性元件的变形由差动变压器转换成电

信号。其工作温度范围比较宽（-54 ~ +93℃）；在长径比较小的情况下，受横向偏心力的影响较小。

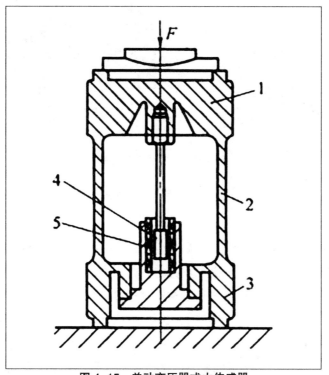

图 4-15　差动变压器式力传感器

1—上部　2—变形部　3—下部　4—铁芯　5—差动变压器线圈

（3）压电式力传感器

图 4-16 是两种压电式力传感器的构造图。为了避免内部元件出现松驰的现象，左边的力传感器内部加有恒定的预压载荷，使之在 1000N 的拉伸力至 5000N 的压缩力范围内工作。右侧的力传感器带有一个外部预紧螺母，可用来调整预紧力，这种形式力传感器能在 4000N 的拉伸力到 16000N 的压缩力的范围中正常工作。

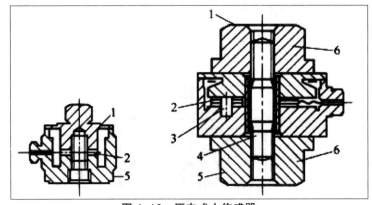

图 4-16　压电式力传感器

1—承压头　2—压电晶体片　3—导电片　4—预紧螺栓　5—基座　6—预紧螺母

（4）压磁式力传感器

压磁式传感器是基于压磁原理制成的力传感器。某些铁磁材料受压时，其磁导率沿应力方向将会下降，而沿着与应力垂直的方向则增加，这种现象被称为压磁现象。压磁式传感器的原理图如图 4-17 所示，在铁磁材料上开四个对称的通孔 1、2、3、4，将线圈按照图中所示的方法分别穿绕 1、2 孔和 3、4 孔，然后在 1、2 线圈中通交流电流 I，作为励磁绕组，3、4 线圈作为测量绕组。当没有外力作用时，励磁绕组所产生的磁力线对称分布在测量绕组两侧，合成磁场强度与测量绕组平面平行，磁力线不和测量绕组交链，因而不会产生感应电势。当受到外力作用时，磁力线分布发生变化，部分磁力线和测量绕组交链，在测量绕组中产生感应电势，并随着作用力的增大而增加。压磁式力传感器输出的感应电势较大，一般不需要放大，只需经滤波和整流处理。

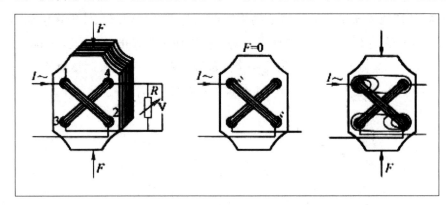

图 4-17　压磁式力传感器原理图

三、速度和加速度传感器

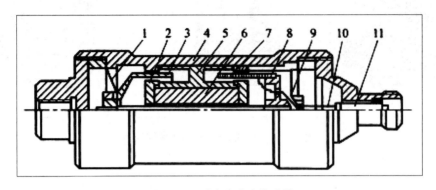

图 4-18　磁电式速度传感器

1，9—弹簧片　2—磁靴　3—阻尼环　4—外壳　5—铝架　6—磁钢　7—线圈　8—线圈架

10—导线　11—接线座

（1）磁电式速度传感器

图 4-18 为磁电式速度传感器结构图。磁铁与外壳形成磁回路，装在心轴上的线圈和阻尼环组成惯性系统的质量块并在磁场中运动。弹簧片径向刚度很大、轴向刚度很小，保证惯性系统的径向刚度较高，同时具有很低的轴向固有频率。铜制的阻尼环一方面可增加惯性系统质量，降低固有频率，另一方面又利用闭合铜环在磁场中运动产生的磁阻尼力使振动系统具有合理的阻尼。

（2）压电式加速度传感器

常用的压电式加速度传感器的结构形式如图 4-19 所示。图中 S 是弹簧，M 是质量块，B 是基座，P 是压电元件，R 是夹持环。

图 4-19a 是中央安装压缩型压电传感器，P-M-S 系统装在圆形中心支柱上，支柱与基座 B 连接，这种结构的共振频率较高。但是，由于基座 B 与测试对象连接，如果基座 B 有变形则将直接影响输出。此外，测试对象和环境温度变化将影响压电片，并使预紧力发生变化，易引起温度漂移。

图 4-19b 为环形剪切型压电传感器，这种传感器结构简单，能做成极小型、高共振频率的加速度传感器。环形剪切型压电传感器的缺点在于它将环形质量块粘在装在中心支柱上的环形压电元件上，当温度升高时，黏结剂会变软，因此其最高工作温度受到限制。

图 4-19c 为三角剪切型压电传感器，压电片被夹持环夹在三角形中心柱上，当加速度传感器产生轴向振动时，压电片承受切应力，这种结构对底座变形和温度变化有极好的隔离作用，同时具有较高的共振频率和良好的线性。

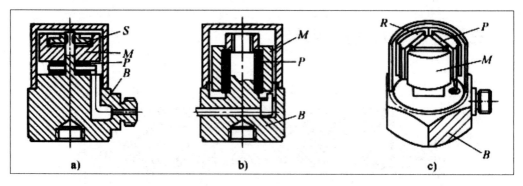

图 4-19　常用的压电式加速度传感器

四、其他工程量检测

（1）温度检测

温度是检测机电一体化系统工作状态的一项重要指标，温度检测对于检测机电系统的热平衡、防止系统过热、避免故障和事故均具有重要作用。

温度检测的手段有很多，其中，最为常见的是基于一些半导体材料（多为金属氧化物如 NiO、MnO_2、CuO、TiO_2 等）的电阻与温度之间的关系而制成热敏电阻，它具有负的电阻温度系数，阻值随温度的上升而下降。随着半导体技术的发展，近年来集成温度传感器得到了广泛应用，该传感器将辅助电路与传感器同时集成在一块芯片上，使其自身具有校准、补偿、自诊断和网络通信功能，使用十分简单方便，具体内容可查阅相关芯片手册。

根据半导体理论，热敏电阻在温度 T 时的电阻温度系数为：

$$a + \frac{\dfrac{dR}{dT}}{R} = -\frac{b}{T^2}$$

（4-18）

式中：b 为常数，其值由电阻材质决定。

半导体热敏电阻与常用的金属电阻的区别在于：

1）半导体热敏电阻的灵敏度很高，可测 0.001 ~ 0.005℃的微小温度变化。

2）半导体热敏电阻元件可制成片状、柱状等，体积小，热惯性小，响应速度快，时间常数可达到毫秒级。

3）半导体热敏电阻元件本身的阻值范围很大，一般在 3 ~ 700kΩ 之间，导线电阻在远距离测量时可以忽略不计。

4）在工程常用的温度范围（-50 ~ 350℃）内具有较好的稳定性。

半导体热敏电阻的缺点是线性较差，易受环境温度影响。图 4-20 所示为热敏电阻元件及其温度特性，曲线上所标的是其室温下的电阻值。

（2）气体检测

气体种类繁多，性质不同，因此，气体的检测需要同时使用多种传感器或者针对特定的气体使用一种传感器。常见的气体检测传感器有：

1）固态电解质气敏传感器。主要检测无机气体，如 CO_2、H_2、Cl_2、NO_2、SO_2 等。

2）声表面波气敏传感器。主要检测有机气体，如卤化物，苯乙烯，有机磷化物等。

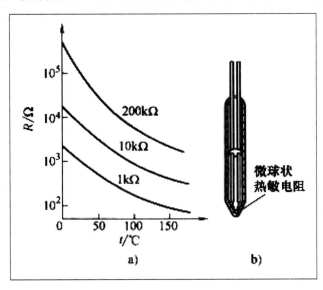

图 4-20 热敏电阻元件及其温度特性

a）温度特性 b）热敏电阻元件

3）氧化物半导体气敏传感器。主要检测各种还原性气体，如 CO_2、H_2、乙醇和甲醇等。氧化物气敏半导体材料吸附被测气体时，会发生化学反应，放出热量，从而使元件温度相应提高，电阻阻值发生变化。利用这种特性，将气体的浓度和成分信息变换成电信号，进行气体检测。这种气敏传感器多用于众多工业部门，对危险气体进行监测和报警，以保证生产安全。图 4-21 为典型气敏电阻的阻值 - 浓度关系曲线。

（3）湿度检测

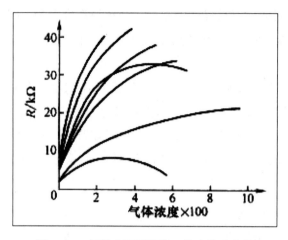

图 4-21　气敏电阻的阻值 – 浓度关系曲线

湿度传感器常用于测定相对湿度、绝对湿度和露点。湿度传感器的敏感元件主要为一些半导体材料和高分子材料。

1）半导体材料湿度传感器

一些半导体材料，如氧化铁（Fe_3O_4）、氧化铝（Al_2O_3）、氧化钒（V_2O_5）等，具有吸湿特性，其电阻值随湿气的吸咐和脱附过程而变化，利用这一性质可以制成检测湿度的湿敏元件。如图 4-22a 所示的是一种 Fe_3O_4 湿敏元件的结构，在绝缘基板上用丝网印刷工艺制成一对梳背状金质电极，其上涂覆一层厚约 $30\,\mu m$ 的固体 Fe_3O_4 薄膜，经低温烘干，从金质电极引出端线而制成元件。如图 4-22b 所示为 Fe_3O_4 湿敏元件的电阻 - 湿度特性曲线。

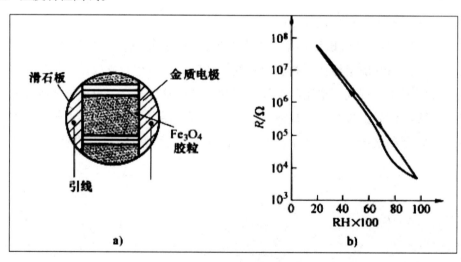

图 4-22　Fe_3O_4 湿敏元件

a）结构　b）特性曲线

2）高分子材料湿度传感器

高分子材料湿度传感器具有精度高、响应速度快、滞后小、可靠性高、重复性好、制造容易等特点。这类湿度传感器一般是由高分子感湿材料放在上下电极之间制成的。高分子材料湿度传感器根据其工作原理可分为电阻型高分子电解质湿度传感器、电容型高分子介质湿度传感器、膨胀型高分子薄膜湿度传感器和涂敷吸湿性高分子材料湿度传感器。

五、其他重要传感元件

（1）霍尔元件

霍尔元件是利用霍尔效应实现的一种传感元件，霍尔元件具有灵敏度高、线性好、稳定性高、体积小、耐高温等一系列优点，并得到了广泛应用。

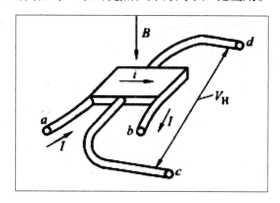

图4-23　霍尔元件及霍尔效应原理

如图4-23所示，半导体薄片垂直地处于磁感应强度为B的磁场中，在薄片中通控制电流I（电流方向由a端进入，b端流出），则在薄片两端将产生一个霍尔电势VH。这种现象称为霍尔效应，其中的半导体薄片称为霍尔元件。

在霍尔元件c、d两端之间建立的电场称为霍尔电场，相应的电势称为霍尔电势VH为：

$VH=kHiBsin\alpha$ （4-19）

式中 kH——霍尔常数，其值取决于元件的材质、温度和元件尺寸；

B——磁感应强度；

α——电流与磁场方向的夹角。

近年来，随着制造工艺的进步，尤其是硅集成电路制造工艺的应用，霍尔元件的厚度和体积大大减小，同时灵敏度也有较大提高，从而拓宽了霍尔元件的应用范围。

（2）磁阻式传感元件

磁阻式传感元件的工作原理主要基于半导体材料的磁阻效应。磁阻效应与霍尔效应的区别在于，霍尔效应是产生电流方向的电压，而磁阻效应则是沿电流方向电阻的阻值产生变化。磁阻效应与材料的性质及几何形状有关，磁阻效应随着材料迁移率的增加而越加显著；元件的长宽比越小，磁阻效应则越明显。基于磁阻效应的磁阻元件可以用于测量位移、力、加速度等物理量。

图 4-24 给出了一种用于位移测量的磁阻效应传感器。位于磁场中的磁阻元件相对于磁场发生位移时，磁阻元件的内阻 R1、R2 将发生变化。如果将 R1、R2 接于电桥，则其输出电压与电阻的变化成反比。

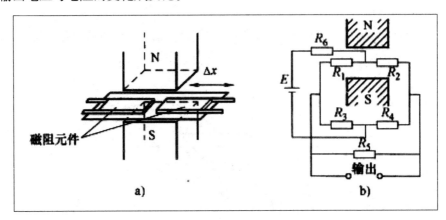

图 4-24　磁阻效应位移传感器

a）原理图　b）电路原理图

（3）光电转换元件

光电转换元件是利用物质的光电效应，将光量转换为电量的一种器件。应用这种元件检测时，往往先将被测量转换为光量，再通过光电元件转换为电量。前文介绍的光栅组成元件的光敏管就是一种典型的光电编码器。光敏晶体管是利用受光照时载流子增加的半导体光电元件，光敏二极管具有一个 PN 结，光敏三极管具有两个 PN 结，图 4-25 是光敏三极管及其伏安特性曲线。光电转换元件具有很高的灵敏度，并且体积小、重量轻、性能稳定、价格便宜，在工业技术中得到了广泛应用。

六、传感器的选用原则

本节介绍了常用传感器的基本原理，接下来则对选用传感器时的一些注意事项进行简要介绍，一般从以下几方面考虑。

（1）灵敏度

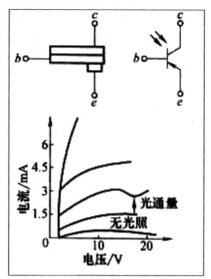

图 4-25　光敏三极管及其伏安特性曲线

传感器的灵敏度高，意味着即使被测量发生很微小变化，传感器仍然可以输出较强的信号，因此，一般情况下希望传感器的灵敏度越高越好。但是，传感器性能指标的选择需要综合考虑系统整体性能，不能只考虑灵敏度的参数，应该与实际应用环境及被测对象的性质相结合，从而确定合适的灵敏度。具体应注意以下几个方面。

1）考虑外界干扰对信号的影响。传感器的灵敏度越高，对信号的感知能力就越强，此时，外界微小的干扰信号会轻易引入，因此需要对传感器自身信噪比提出较高的要求。

2）考虑测量范围。需要避免选择过高的灵敏度而导致测量范围的减小。

3）考虑被测对象的性质。当被测量为向量时，要求传感器在该方向灵敏度越高越好，而其他方向的灵敏度越小越好。在测量多维向量时，还应要求传感器的交叉灵敏度越小越好。

（2）响应特性

在动态特性测量中特别需要考虑响应特性的影响。一般情况下，利用光电效应、压电效应等物性型传感器，响应较快。而结构型，如电感、电容、磁电式传感器等，往往受机械结构惯性的限制，响应较慢。

（3）线性范围

传感器工作在线性区域内是进行准确测量的基础，当传感器处于非线性范围内时将产生线性误差。因此，通常希望传感器的线性范围越大越好，但是，线性范围与灵敏度一般成反比，所以需要综合考虑传感器的应用场合和需求来确定传感器的工作范围。

（4）可靠性

可靠性指仪器、装置等产品在规定使用条件下，在规定时间内可完成规定功能的能力。保证传感器应用中具有高的可靠性是一项综合性的复杂工作，事前须选用设计、制造良好、使用条件适宜的传感器；使用过程中，应严格保持规定的使用条件，尽量减轻使用条件引起的不良影响。

（5）精确度

传感器的精确度表示传感器的输出与被测量真值的一致程度。传感器能否真实反映被测量值，对整个测试系统具有直接影响。然而，并非要求传感器的精确度越高越好，还应考虑到经济性，因此应从实际出发，尤其应从测试目的出发来选择。

（6）测量方式

传感器在实际条件下的工作方式，也是选用传感器时应考虑的重要因素，这是因为不同的工作方式对传感器的要求也有其特殊性。例如，在机械系统中，一般采用非接触式测量方法，因为接触式测量会对被测系统的性能带来不同程度的影响，而且测量头的磨损、接触状态的变动，信号的采集等问题都不易妥善解决，易引入测量误差。因此，一般采用电容式、涡电流式等非接触式传感器。

（7）其他

选用传感器时除了以上应充分考虑的一些因素外，还应尽可能兼顾结构简单、体积小、重量轻、价格便宜、易于维修、易于更换等要求。

第四节　信号预处理

一、信号放大

传感器所感知、检测、转换和传递的信息表现形式为不同的电信号。电信号可分为电压输出、电流输出和频率输出，其中以电压输出最为常见，因此，电压信号的处理十分重要。随着集成运算放大器性能的不断完善和价格的下降，传感器的信号放大越来越多地采用集成运算放大器来处理。运算放大器通过与电阻的组合就可以实现放大运算，适用于传感器输出模拟信号的放大和运算。本节主要介绍几种典型的传感器信号放大器。

（1）测量放大器

一般情况下，不包含变送器的传感器输出信号都十分微弱，而且夹杂着大量的干扰信号，此时要求信号放大器具有很高的共模抑制比（抑制共模干扰信号），同时具备高增益、低噪声和较高的输入阻抗（减小负载效应），具备这些特点的信号放大器称为测量放大器。

图 4-26 为一个由三个运算放大器构成的测量放大器。采用这种连接方式有如下好处。

1）U1 和 U2 为两个放大器的同相输入端，输入阻抗很高。

2）放大器 A1 和 A2 采用对称布置的结构，共模抑制比较高，此时 A1 和 A2 应经过挑选，使得两者的输入阻抗和电压增益尽量一致。

3）放大器 A3 起电压跟随器的功能，稳定前一级电压，同时隔离后级电路对输出信号的影响。

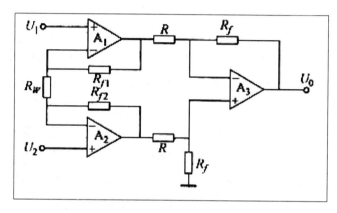

图 4-26 典型测量放大器原理图

该种接法的放大倍数为：

$$A = \frac{R_f}{R}(1 + \frac{R_{f1} + R_{f2}}{R_W})$$

（4-20）

（2）程控放大器

程控放大器的核心元件为一个运算放大器，其电压增益可以通过一定的控制方法进行调整，以适用于变化范围较大的测量信号，实现不同幅度信号的放大。

图 4-27 为通过改变反馈电阻来实现量程变化的放大电路。图中的开关 S1、S2、S3 由外部控制，三个开关中，使其中一个闭合，其他两个断开，则放大倍数如下式：

$$A = -\frac{R_i}{R}$$

（4-21）

工作时可根据所测信号的幅值范围，选择不同开关的开闭组合。

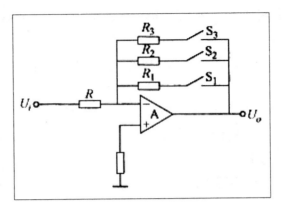

图 4-27　程控增益放大器原理

（3）隔离放大器

隔离放大器用于隔离强电磁环境下电网电压对测量回路的干扰，将输入、输出和电源彼此隔离，使之没有直接耦合存在的测量放大器，它具有以下优点。

1）保护系统元件不受高共模电压的损害，防止高压对低压信号系统的损坏。

2）泄露电流低，对于测量放大器的输入端无须提供偏流返回通路。

3）共模抑制比高，能对直流和低频信号进行准确、安全的测量。

隔离放大器的耦合方式主要有变压器耦合和光电耦合两种。两者各有优缺点，变压器耦合方式具有较高的线性度和隔离性能，但带宽在 1kHz 以下。光电耦合方式带宽能达到 10kHz，但其隔离性能不如变压器耦合方式。同时，两种方式都需要提供隔离电源为差动输入级供电，以便达到预定的隔离性能。

二、调制与解调

一些被测物理量经传感器变换后，虽然已变换为电量，但这些电信号通常微弱。这类信号在经过前文提到的直流放大器之前，还需要先将它转换为高频交流信号，即先行调制，而后用交流放大器放大。

调制是使一个信号的某一参数在另一信号的控制下发生变化的过程。前一信号称为载波，一般是较高频率的交流信号，后一信号称为调制或控制信号，调制出来的信号称为已调制波。已调制波携带调制信号的信息，具有交变、高频的特点，一般都便于放大与传输。解调是从已调波中恢复出调制信号的过程。调制与解调是工程测试中的常用技术，应用极广。

在调制过程中，载波的幅值 A、频率 f、相位 P 均可以进行控制，分别称为调幅（AM）、调频（FM）和调相（PM）。三种模式的已调制波分别称为调幅波、调频波、调相波。

（1）调幅原理

调幅是将一个高频简谐信号（载波）与测试信号（调制信号）相乘，使高频信号的幅值随测试信号的变化而变化。接下来以频率为 $f0$ 的余弦信号作为载波的情况为例，介绍调幅的基本原理。

根据傅里叶变换：两个信号乘积的谱，等于这两个信号的谱的卷积，即

$x(t)y(t) \Leftrightarrow X(f) * Y(f)$

余弦函数 $\cos 2\pi f0t$ 的频谱是一对脉冲，即

$$\frac{1}{2}\delta(f-f_0 + \frac{1}{2}\delta f + f_0$$

在频域内，一个函数与单位脉冲函数做卷积，相当于将其频谱由坐标原点平移至该脉冲函数所在之处。所以，若以高频余弦信号作载波，把信号 $x(t)$ 和载波信号相乘，其结果就相当于把原信号的频谱图形由原点平移至载波频率 $f0$ 处，其幅值减半，即：

$$x(t \cos 2\pi f_0 t \Leftrightarrow \frac{1}{2}X f \times \delta f - f_0 + \frac{1}{2}X f \times \delta f + f_0$$

（4-22）

（2）解调原理

把调幅波再次与原载波信号相乘，则频谱将再一次进行"搬移"，其结果如图 4-28 所示。若用一个低通滤波器滤去中心频率为 $2f0$ 的高频成分，就可以复现原信号的频谱，这一过程称为同步解调，经过同步解调后的信号幅值同调制前的信号相比，幅值减小一半，可以用放大处理来恢复原有幅值。同步解调时所乘的信号与调制时的载波具有相同的频率和相位。在时域分析中也可看到：

$$x(t)\cos 2\pi f_0 t \cos 2\pi f_0 t = \frac{x(t)}{2} + \frac{1}{2}x(t)\cos 4\pi f_0 t$$

（4-23）

除了同步解调以外，工程实际中还经常采用整流检波解调和相敏检波解调的方式来进行解调，可以查阅相关的专业书籍，本书不再详细介绍。

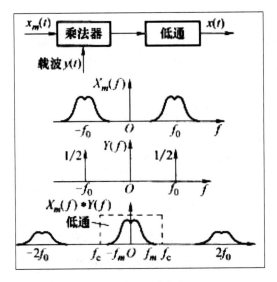

图 4-28　同步解调

三、滤波

　　传感器信号的传输过程中可能包含大量噪声，因此，信号的处理主要是指对信号的滤波处理，这一过程一般是通过滤波器来完成的。滤波器是一种选频装置，可以使信号中特定的频率成分通过，而极大衰减其他频率成分。利用滤波器的这种筛选作用，可以滤除干扰噪声。滤波器在自动检测、自动控制及电子测试仪器中被广泛使用。

　　根据滤波器所处理的信号性质，分为模拟滤波器与数字滤波器。下面分别进行介绍。

（1）模拟滤波

　　模拟滤波器主要对模拟信号进行滤波。根据滤波器的选频作用，一般将滤波器分为四类，即低通、高通、带通和带阻滤波器。图 4-29 所示为这四种滤波器的幅频特性。

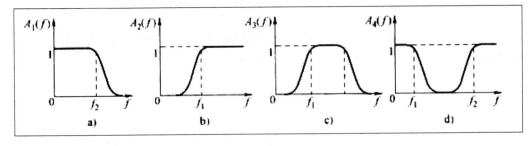

图 4-29　四类滤波器的幅频特性

a）低通　b）高通　c）带通　d）带阻

　　根据滤波器的幅频特性示意图可知，滤波器可以分为通频带、阻频带和过渡带三个大致区域。通频带能够使相对应的频率成分几乎不受衰减地通过，阻频带则几乎完全阻碍相应的频率成分通过，在通带与阻带之间存在的一个过渡带，其幅频特性是一条斜线，在此频带内，信号受到不同程度地衰减。这个过渡带只能尽量减小，而不可避免。

①低通滤波器

通频带频率从 0 ~ f2，幅频特性平直。低通滤波器可以使信号中低于 f2 的频率成分几乎不受衰减地通过，而高于 f2 的频率成分受到极大地衰减。

②高通滤波器

与低通滤波器相反，从频率 f1 ~ ∞ 为其通频带，其幅频特性平直。它使信号中高于 f1 的频率成分几乎不受衰减地通过，而低于 f1 的频率成分将受到极大衰减。

③带通滤波器

它的通频带在 f1 ~ f2 之间。它使信号中高于 f1 并低于 f2 的频率成分几乎不受衰减地通过，而其他成分受到极大地衰减。

④带阻滤波器

与带通滤波器相反，其阻带在频率 f1 ~ f2 之间。它使信号中高于 f1 并低于 f2 的频率成分受到极大地衰减，其余频率成分几乎不受衰减地通过。

图 4-29 所示的是四种滤波器的幅频特性曲线在通带与阻带之间都有一段倾斜的过渡曲线，使通带与阻带不能截然分开。在人们的想象中，过渡曲线若是一条陡峭的垂线才好，以低通滤波器为例，人们希望低通滤波器可以将输入信号中频率小于 f2 的各成分所构成的信号无失真地筛选出来，而将频率大于 f2 的各成分完全衰减掉。然而，理想滤波器在物理上是不可能实现的。理想滤波器的意义仅在于供理论研究之用，以及用以建立评价滤波器的指标。

以理想滤波器为基础，则有式（4-24）成立：

$$BT_e = 常数（4-24）$$

即低通滤波器对阶跃响应的反应时间 T_e 和带宽 B 成反比，或者说带宽和反应时间的乘积为常数，这一结论对其他滤波器（高通、带通、带阻）也适用。

滤波器带宽代表其频率分辨力，它随着通带的变宽而降低。因此，式（4-24）表明，滤波器的高分辨能力和测量时快速响应的要求是互相矛盾的。滤波的带宽增加必然导致测量速度下降，甚至会产生谬误和假象。但对已定带宽的滤波器，过长的测量时间也是不必要的。一般采用 $BT_e = 5 ~ 10$ 已足够了。

（2）数字滤波

数字滤波是通过一定的计算或判断提高信号的信噪比。数字滤波可以采用软件来实现，在机电一体化系统中应用十分广泛。下面介绍几种常用的数字滤波方法。

1）算术平均值法

算术平均值法是寻找一个 S 值，使该值与各采样值间误差的平方和为最小，即：

$$E = \min[\sum_{i=1}^{N} e_i^2] = \min[\sum_{i=1}^{N}(S - S_i^2]$$

（4-25）

为使平方和 E 最小，对式（4-25）进行求导，可得算术平均值法的算式：

$$S = \frac{1}{N}\sum_{i=1}^{N} S_i$$

（4-26）

式中 S_i 为第 i 次采样值，S 为信号滤波后的输出，N 为采样次数。其中，N 的选择应按具体情况决定。N 越大，平滑度越高，灵敏度越低，但是计算量越大。对于不同的类型的信号，可以取不同的 N 值，例如，流量信号可以取 $N=12$，压力信号可以取 $N=4$。

2）中值滤波法

中值滤波法是通过连续检测三个采样信号，从中选择居中的数据作为有效信号。采用这种方法可以滤除三个采样信号中的一次干扰信号，当三个采样信号中包含两次异向干扰信号时，也能保证正确选择有效信号。但是，对于两次干扰信号为同向信号，或者三个采样信号同为干扰信号的情况，中值滤波法则无能为力。中值滤波法能够滤除脉冲干扰，常用于缓慢变化过程的滤波，不适用于快速变化过程的滤波。

3）防脉冲干扰平均值法

该方法结合了算术平均值法和中值滤波法，该方法的原理是先运用中值滤波法滤除脉冲干扰，然后对剩下的采样信号进行算术平均。

若 S1≤S2≤…≤SN，则

S=（S1+S2+…+SN）/（N-2）（4-27）

式中，一般取 3≤N≤14，当 N 等于 3 时，式（4-27）等同于中值滤波法。

防脉冲干扰平均值法综合了算术平均值法和中值滤波法的优点，具有较好的滤波质量。

除了以上三种基本的数字滤波方法之外，还有惯性滤波、程序判断滤波等许多类型的滤波方法，可以查阅相应的著作进一步深入了解和研究。

四、信号的采样与保持

传感器输出的信号采样是把连续时间信号变成离散时间序列的过程，采样是数模转换，即将模拟信号转换为数字信号并输入计算机进行处理的理论基础。采样过程是以等时距的单位脉冲序列乘以连续时间信号来实现的，其中的单位脉冲序列称为采样信号。采样信号的周期或者采样间隔的选择是一个重要的问题。若采样间隔太小（采样频率高），当处理时间长度一定的信号时，若采集的数字序列将会迅速增大，并使计算机的工作量快速增加，如果计算机只能处理一定长度的数字序列时，采集时间将会很有限，不能反映需要处理信号的准确特征，产生较大的误差；若采样间隔过大（采样频率低），则可能丢掉有用的信息。

如图 4-30 所示，图 4-30a 中 A 曲线为被采样曲线，根据某一频率采样得到点 1、2、3、4 四个采样值，但仅根据这 4 个点不能分清曲线 A、B 和 C 的差别，很容易将曲线 B、C 误认为曲线 A。图 4-22b 中是用过大的采样间隔 Ts 对两个不同频率的正弦波进行采样，结果得到一组相同的采样值，无法辨识两者的差别，将其中的高频信号误认为某种相应的低频信号，出现了混叠现象。

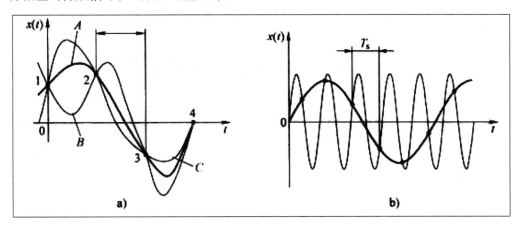

图 4-30　混叠现象

为了避免频率混淆，首先进行抗混叠滤波预处理，即应使被采样的模拟信号成为有限带宽的信号。对不满足此要求的信号，应先使其通过模拟低通滤波器滤去高频成分成为有限带宽信号。其次，采样信号应满足式（4-28），即采样频率 f_s 要大于有限带宽信号的最高频率 f_h 的 2 倍，即

$$f_s = \frac{1}{T_s} > 2f_b$$

（4-28）

式（4-28）即为采样定理。

信号采样一般由数模转换元件完成，在进行数模转换时，从启动变换到变换结束后输出数字量需要的时间，称为孔径时间。由于孔径时间的存在，当输入信号频率过高时，会带来较大的转换误差，因此，需要采样保持器在数模转换开始时将信号电平保持住，而在本次数模转换结束时能迅速开始下次采样。图 4-31 是采样保持器的原理图。

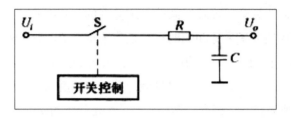

图 4-31　采样保持器的原理图

采样保持器由存储电容 C，模拟开关 S 等元件组成。当 S 接通时，输出信号与输入信号同步，该阶段为采样阶段。当 S 断开时，电容 C 两端电压为断开电压，该阶段为保持阶段。为了使采样保持器具有较高的精度，一般需要在输入级和输出级之间加入缓冲器以减小信号源的输出阻抗，增加负载的输入阻抗。电容的大小和时间常数需要适中，并要求泄漏量较小。

第五节　传感器的非线性补偿

在机电一体化系统中，为了便于读数以及对系统进行分析处理，总希望传感器及检测电路的输入与输出保持线性关系，使得测量对象在整个刻度范围内的灵敏度保持一致。但是受非线性的物理特性的限制，一些传感器的输入和输出之间具有非线性特性，当这些传感器用于动态监测时存在很大的误差。为了补偿非线性误差，一般有两种方法，分别为在传感器的检测电路中增加补偿回路的硬件补偿，以及利用计算机的软件补偿。硬件补偿增加了电路的复杂性，且补偿效果一般不太理想；而软件补偿过程简单、精度很高。在机电一体化系统中，采用软件补偿较为简单易行，因此，本书只介绍软件补偿方法。

利用软件进行非线性补偿，主要有计算法、查表法和插值法三种方法。接下来分别进行介绍。

一、计算法

计算法适用于输出电信号与被测参数之间存在确定的数学表达式的情况。该方法通过软件编制数学表达式的计算程序，然后将传感器得到的数值输入编制的程序中，从而得到经过线性化处理的输出参数。例如，得到被测参数和输出电压组成的一组数据，通过曲线拟合方法来拟合被测参数和输出电压之间的关系，可以得到误差最小的近似表达式。

二、查表法

查表法用于输出电信号与被测参数之间的数学关系十分复杂、难以建立相应的数学模型的情况。查表法即把事先计算或测得的数据按照一定的格式编制成表格，然后，通过编写查表程序，根据被测参数的值或者中间结果，查出最终需要的结果。查表程序的算法可以看成是在众多数据中搜索某个确定数据，其搜寻效率与采用的搜索算法有关，相关内容可阅读计算机程序算法的相关论著。在此不再详述。

三、插值法

插值法是当前最为常用的非线性误差补偿方法，它结合了计算法和查表法的优点，即首先利用查表法确定数据所处分段，然后在分段内采用相对简单的数学表达式来拟合数据曲线，改善了查表法带来的表格编制的困难，减少了列表点和测量次数。

（1）插值原理

假设输出电信号与被测参数之间的函数表达式为 $y=f(x)$，该公式不是简单的线性方程。插值法先将该函数按一定的要求分成若干段，然后在相邻的分段点之间利用直线代替曲线，即可求出输入值 x 所对应的输出值 y。对于任一 x 在 (x_i, x_{i+1}) 之间，则对应的被测参数值为

$$y = y_i + \frac{y_{i+1} - y_i}{x_{i+1} - x_i}(x - x_i)$$

（4–29）

将上式简化，有：

$$y = y_i + k_i(x - x_i)$$

（4–30）

$$y = y_{i0} + k_i x$$

（4–31）

式中

$$y_{i0} = y_i - k_i x_i, \quad k_i = \frac{y_{i+1} - y_i}{x_{i+1} - x_i}$$

（2）插值算法

根据上文提到的插值原理，接下来介绍一下计算机程序的插值算法。

1）首先，用试验的方法测出传感器的变化曲线 $y=f(x)$，为了避免人为操作等带来的误差，需要重复测量，选择测量数据较为稳定的输入输出曲线。

2）将试验曲线分段，分段方法主要有等距分段法和非等距分段法两种。等距分段法即沿 x 轴等距离选取插值基点，这种方法中 x_{i+1} 和 x_i 是常数，计算十分简单，但对于曲率或斜率变化明显的曲线，等距分段法会产生较大误差，而要想减小误差，则必须把基点分得很细，这样又占用很大内存，效率较低。非等距分段法通常主动的将常用刻度范围插值距离划分的小一些，而非常用的刻度区域插值距离划分的大一些，该方法插值点的选取较为复杂。

3）确定插值点的坐标值（x_i，y_i），以及相邻插值点之间的斜率 k_i。

4）对于任意的 x 值，计算 $x-x_i$，并根据该值找出区域（x_i，x_{i+1}）和该段斜率 k_i。

5）根据（x_i，x_{i+1}）和 k_i，以及公式计算 y 值。

除了上述非线性处理方法，还有许多其他的方法，例如最小二乘法、函数逼近法、数值积分法等，具体选择何种方法进行非线性处理，需要根据实际情况来确定。

第五章　机电设备控制自动化技术

第一节　建筑自动化机电设备安装技术

我国经济水平的增长、社会的进步，同样也促使科技能力的提升。在开展建筑工程的建设期间，也提出了现代化的要求。想要确保建筑的功能得到健全与完善，满足人民群众的居住与工作需求，展开自动化机电设备的安装工作非常关键，合理、科学地运用安装技术，能够将自动化机电设备的运用成效大幅度提升，是实现建筑现代发展的核心因素。本节首先针对机电设备安装的主要特点展开简要的阐述，并将其作为切入点，探寻更加有效的安装技术应用策略。

当前，在建筑工程当中，需要运用到越来越多的机电设备，在安装机电设备之时，必须要适应现代化建筑的发展，实现自动化的目的。在安装自动化机电设备期间，需要涉及众多的内容，对于安装技术有着较高程度的复杂性，因此，只有规范安装技术，提升安装技术水平、对安装流程进行规范，才能够保障自动化机电设备的安装效率与质量。由此可见，探寻最为适宜、有效的安装技术，是当前相关从业人员迫在眉睫需要解决的问题。

一、建筑自动化机电设备安装的主要特点

（1）在施工作业的工期方面，具备较长的跨度，自初期的设施制作、管线预埋采购、中期设施的调试安装、试运行，直至后期的竣工交付验收时期，都处于建筑自动化机电设备的安装范围当中。因此，在安排时间、周期之时，必须要确保其具备及时性与适当性，同时，还需要将安装的成本管控、质量做出细致化的保障。

（2）在开展安装作业之时，会面临较多的节点，造成参与自动化机电设备安装的团队、人员也相对较多，由于各个施工团队、施工人员的技术能力存在差异，承担的作业范围也不同，相互之间无法做到深层次的沟通与交流，对安装的作业面缺乏熟识，对自身负责的安装项目施工工期有所关注，对安装过程当中的交接工作较为忽略，这

会对整体自动化机电设备的安装效率造成巨大影响。

（3）在自动化机电设备安装过程当中，涉及众多专业，且专业跨度比较大。其中不仅蕴含给排水、暖通以及电气系统等方面的传统设备安装，同样也包含网络电子、数控、智能系统等技术的安装与管控工作。不仅包含水泵、配电箱、锅炉等较为传统的设备安装，同时也包括数字化集成设施、摄像头、计算机等现代化机电设施的安装。因此，从专业角度来讲，必须要由具备专业经验技术的施工团队来展开安装作业，同时还需要管理安装项目的工作人员自身具备更加高效、丰富的管理经验，从而确保安装的各个节点都能够合理地展开作业。

二、建筑自动化机电设备安装技术的应用策略

（一）弱电系统的安装

1.中央主机的安装

中央主机包含于弱点系统当中，通常，对于中央主机而言，都是在装饰作业以及主机房建设竣工以后开始安装的。中央主机在各个弱电系统当中，属于高度集成的设施，在安装该设施期间，主要包含软件的调试与安装、系统的联动调试、现场连通线路的连接与校准、设施的准备等内容。对于设施的各个构件以及设备，必须要严格遵循相关的标准展开安装作业，避免锈蚀现象发生。

2.电梯的安装

建筑物的安全性能、电梯后期运用的状态与电梯安装的成效有着紧密的关联，因此，安装电梯期间，必须严格遵循我国相关的安装规范，防止出现安全隐患。在安装电梯时，主要采取以下的流程。

第一，在开展安装工作前夕，必须要整体复核建筑物的尺寸与结构，同时需要严格审查安装期间所需要运用到的各项设施与构件，对安装的现场展开更加安全的核查。

第二，在安装过程当中，必须遵循相关的流程、规定，从而实施各个工序的安装作业。

第三，将制造企业的调试工作同安装企业的自检工作有效融合，同时需要聘请专业的检测企业展开最终的验收与调试工作。

第四，需要同安装现场的实际状况相结合，将安全防护举措做好。

（二）通风系统的安装

在通风系统当中，主要包含排气处理、风道、排风机等系统。在安装通风系统时，

会面临巨大的作业压力。因此，可以将其划分为三个等级，即高压、中压以及低压。在安装风管系统期间，必须要以相关的合同规定、法律法规作为依据，从而合理实施安装作业。对于施工单位来讲，对于风管的质量必须要严格的管控，需要选取不燃材料覆盖风管；针对防排烟系统而言，必须要确保风管的耐火级别同相关的标准相符。在完成风管系统的安装作业以后，必须要细致地检验其严密性能，主要是针对风管管段、咬口缝做出严格的检查。并且需要将风管系统的差异压力作为依据，从而选取不同的测试与检查方法。

（三）给排水系统的安装

1. 给水设备与管道的安装

身为安装工作者，必须要对安全文件有充分的掌握，全面核查相关设施，确保锈蚀、破损等现象不会发生，对于转动的位置，不可以出现异常响动或卡停的状况。对于布置引入水管工作，需要同建筑工程的实际状况相结合，对尺寸是否与相关标准相符做出确保。安装给水管道时，需要符合规定的标高，对于焊接的部位，不可以紧贴墙壁，能够方便日后的排查工作。在完成管道安装以后，必须要对技术文件认真记录，并且做好埋地铺设管道的验收工作。对于楼板与穿墙的管道，需要进行保护，并且妥善处理套管与管道之间的缝隙。另外，不可以随意停止安装，还需要将封闭关口的工作做好。在焊接管道期间，需要将管道两环之间的缝距良好维持。房屋之间的线盒暗敷管线，采取横向与斜向走管方式，完成墙体施工以及干硬墙壁以后，运用切割机与界石机在墙面打出浅沟，进行管线的铺设，再修补墙面的浅沟。线槽与线管，都需要展开支架的安装：线槽需要用角铁支架；线管的支架需要安装于墙壁上。

2. 排水管道的安装

排水所需要的塑料管必须要与安装的需求相符，将实际状况作为依据，合理设置伸缩节，将管道的坡度做出良好掌握，不可以同烟囱相连接。在每一层立管管道处设置检查口，方便日后的排查与维修工作，对于安装技术的应用要更加规范，将安装的质量做出保证。

3. 消防系统的安装

人民群众的生命财产安全同消防系统的合理安装有着密切的关联，因此，在安装消防系统时，不可以出现任何疏忽。需要将设计需求作为依据，并且考量消防部门的建议，将最优质的安装方案明确。确保建筑在发生火灾之时，报警阀、水流指示器以及灭火栓泵能够同时开启，将消防喷头的位置做出合理的设置，将一切安全隐患消除，对消防系统的顺利运用做出保障。

综合上述分析来看，我国社会的进步与经济水平的增长，能够有效推动建筑朝着现代化的方向发展。因此，越来越多的自动化机电设备在建筑中得到广泛的运用，但是，如果没有妥善的安装自动化机电设备，将会直接影响到建筑物的使用功能，无法将人民群众日常生活、工作或居住的需求做出充分满足。因此，本节针对该问题，探讨了自动化机电设备的高效安装策略，使安装技术水平能够获得提升。如此，不仅能够为施工企业带来更大的经济收益与社会收益，同时能够确保自动化机电设备在日后的使用能够更加安全、有效。

第二节　煤矿机电自动化设备自动化控制技术

当前我国社会经济发展速度不断加快，社会各个行业的发展对煤炭资源的需求量不断上升。从某种程度上讲，我国社会经济的发展需要大量煤炭资源作为支撑。在实际经济发展过程当中，对煤炭资源的开发与使用效率低下，主要表现在我国对煤炭资源的开发与运用，还处于比较明显的粗放式开采状态。当前我国对煤炭资源的需求量越来越大，在煤矿开采过程当中，一些传统的机械设备无法充分满足煤炭开发量的需求，主要表现为煤炭开发设备的安全程度较低同时效率比较低下，直接影响到了煤炭资源开发的整体效率。因此，有效引入自动化控制技术，对提高煤矿机电自动化设备的高效安全工作和运行有着重要的保障。

一、自动化技术在煤矿机电设备中应用的必要性

（1）自动化技术的有效运用，最大化提高了煤炭资源的开发效率，同时对整个工业化的发展水平实现了良好的推动；

（2）自动化技术的有效运用，实现了机械设备自动监控和管理工作的实现，有效降低了人力资源成本的消耗，实现了企业整体经济效益的提升；

（3）对自动化技术的合理运用，可以有效提高煤矿开采工作当中的安全性，充分保证煤矿开采工作人员的人身安全。

在煤矿开采工作当中，自动化技术的运用，可以在发生煤矿开采事故的时候进行及时预警，加快了救援工作的效率，进而降低了事故发生之后的经济损失。因此，自动化技术对煤矿机电设备的运用具有非常重要的意义。

二、自动化技术在煤矿机电设备中的应用

（一）监控监测设备的自动化

在煤矿资源开发工作当中，监控设备是其中一项非常重要的设备类型，通过自动化技术的有效运用，可以大大提高煤矿开采工作人员的工作安全。煤矿开采工作基本上都是在矿井以下进行，如果不能对整个煤矿开采工作流程进行实时性监控，那么直接会加大煤矿开采安全事故的发生率，进而对工作人员的人身安全以及企业的经济效益产生不良的影响。因此，在煤矿开采工作当中需要对煤矿监测设备进行自动化技术的运用，实现对整个开采工作环节的实时性监督和管理，更好地保证煤矿开采工作安全高效化进行。与此同时，自动化监测和控制设备可以对井下工作环境进行实时性检测，帮助煤矿开采工作人员合理规划煤矿开采工作内容，选择正确的操作方式，有效提高煤矿资源的开采效率，实现人身安全保障。

除此之外，自动化技术还可以实现对工作人员的日常出勤工作的实时性监督以及管理，在发生意外情况的时候，可以有效监测到井下工作人员的具体状态，收集重要的数据信息，帮助救援人员展开救援工作，最大限度降低人员伤亡程度。但是这一技术在我国煤矿监测工作当中还处于发展中阶段，仍然需要相关研究人员不断加大研究力度，保证自动监控技术的充分发挥。

（二）提升设备自动化

煤矿开发工作当中矿井提升设备主要是对矿井以下的材料向地表面运输，或者是对工作人员进行地表以下的下放工作，是煤矿开采工作当中非常重要的工作设备。将自动化控制技术有效运用在煤矿提升设备当中，可以有效提高设备的实际工作效率，保证设备安全稳定工作，比如通过全数字化提升机的运用，实现了提升机的数字化监控，大大提高了提升机的安全性能。除此之外，自动化提升设备还具有良好的自我监控能力，当设备本身存在问题的时候，会做出及时的预警信号，为工作人员的检修工作提供充足的时间。同时通过自动化技术的运用，有效提高了各种不同设备之间的联系程度，建立起了非常完善的循环操作系统，有效提高了煤矿开采工作的整体效率。

（三）井下传送设备自动化

在井下煤矿资源的开采过程当中，传送设备是其中一项非常重要的设备类型，可以实现对工作设备和煤矿资源的高效率传送。在实际工作过程中可以实现物资传送的连续性和高效性，有效提高了井下运输作业的安全性。全自动带式传输机是当前我国

煤矿开采单位经常使用的一种设备类型，通过机电一体化工作的设计，有效提高了煤炭工作的效率以及质量，提升了物资传输的速率。但是在实际的操作过程当中，由于整体的安全系数较低，在长时间的井下作业工作当中很容易产生各种不良影响因素，直接造成煤矿开采工作效率低下。因此，我国煤矿生产单位必须要不断加大对自动传送带设备的研究力度，对工作过程当中的安全性能加以保障，实现煤矿资源开采效率的提升。

（四）采掘设备自动化

在我国煤矿开采工作当中，因为矿井内部的工作环境非常复杂，造成了工作人员的施工难度不断加大，同时在矿井开采工作当中，经常会存在各种危险因素，工作人员如果操作不当直接会引起不良的安全事故，对工作人员的生命安全造成了严重的影响。通过自动化掘进设备的有效运用，不仅可以大大提高掘进工作的效率，同时还可以有效降低工作人员的工作强度，提高煤矿资源开采的安全性和高效化。电动牵引采煤机是当前煤矿生产单位当中一个非常重要的自动化开采设备，该设备可以运用在各种复杂地形的煤矿开采工作当中，具有较强的牵引性能，在工作过程当中不需要任何防火设施，有效保证了煤矿开采工作的质量和安全性，同时通过对该设备的有效运用，大大提高了煤矿生产工作的电能使用效率，对实现煤矿开发单位的整体经济效益有着重要的保障。

当前我国工业发展速度不断加快，使得煤矿资源的需求量不断上涨，传统形势下的煤矿开采技术相对比较落后，不但无法满足煤矿作业的具体要求，同时还很容易产生不良的安全事故，造成煤矿开采单位的经济损失。基于这方面问题必须要将自动化技术有效运用在煤矿开采工作当中，实现煤矿开采效率和安全性的提升，推动煤矿开采单位的长远稳定发展。

第三节　煤矿机电设备自动化集中控制技术

本节主要分析了集中控制技术的总体结构设计，重点介绍了集中控制技术在煤矿机电设备自动化中的应用，其既可以实现对煤矿机电设备的集中化控制，而且还可以有效提高煤矿机电设备的运行效率。通过对集中控制技术进行研究，以期为煤矿机电设备自动化运行提供可靠的保障，并实现经济与社会效益的最大化。

目前，机电设备在煤矿生产各个环节发挥着不可替代的作用，其既可以确保煤矿开采工作的顺利进行，而且还可以节约煤矿企业的生产费用，进而降低安全事故的发生率。通常情况下，煤矿机电设备运行效率的高低将会直接决定煤矿开采效率和煤矿企业经济效益的高低。因此，在进行煤矿开采过程中，要做好煤矿机电设备自动化控制工作，而集中控制技术不仅能够降低设备故障的发生率，而且还可以提高煤矿开采效率。

一、集中控制总体结构设计

在进行煤矿生产过程中，其调度、监测及管理工作基本上在井上调度室内进行，并且煤矿井下调度室一般要求以井上调度室为中心，此时为了实现井上与井下的有效衔接，就需要借助集中控制技术，其主要是以 CAN 总线技术为主网，以实现 CAN 总线系统与组合开关的有效对接。在进行集中控制总体结构设计过程中，其主要是借助转换器和网关的方式，来实现综采工作面机电设备、上位机及单片机智能组合开关进行连接，在此基础上构建全新的集中控制系统，以实现对煤矿井下综采工作面的有效控制。

实际上，在集中控制技术中，上位机一般是指局域网通信的主网，其他设备属于从网，在具体运行阶段，主要是以单片机为控制中心，进而实现对工作面的机电设备的远程监测和集中控制，且实时呈现电流、电压等信息。

（一）硬件设计

借助 HT6L1-400Z/1140 组合电器测控技术，不仅能够实现对多路负荷的有效控制，而且还可以完成信号检测、采集等工作，同时该技术还具备断相、漏电闭锁及短路等保护功能，主要是通过单机双速、双机双速及多回路程序等方式来实现对煤矿机电设备自动化的有效控制。HT6L1-400Z/1140 组合电器测控技术主要是由电磁阀控制箱、传感器、遥控接收器、操作箱、显示箱等组成。

（二）检测软件设计

①信息判断与处理。该过程一般包括了对机电启动程序、初始化程序、信息中断程序等进行有效判断与处理。②LCD 信息处理。该过程一般包括 LCD 读写控制程序、LCD 舒适化程序以及 LCD 使能控制程序等。③信号信息处理与控制。该过程主要包括输入案件防抖动、输入信号数字滤波、程序接口、系统优化等程序。④PIC16F877 单片机和 RS232 串行通信部分。该过程主要包括 VB6.0 编写出来的 PC 机显示程序、PC 机串口通信程序、PIC16F877 单片机异步收发通信程序等。

二、集中控制技术在煤矿机电设备自动化中的应用效果

（一）在矿井监督和控制方面

在进行煤矿生产过程中，安全事故是煤矿企业需要给予重点关注的问题，尤其是煤矿井下开采阶段，极易诱发安全事故，不仅会危及井下作业人员的生命安全，而且还会对煤矿的正常开采产生不利影响。因此，在煤矿开采阶段，可以借助集中控制技术来提高矿井监督和控制的效率，进而保证煤矿开采工作的顺利进行。如今，在煤矿井下生产过程中，集中控制技术在煤矿机电设备自动化中得到广泛应用，其一般是借助煤矿机电设备与人工的互相合作、互相协调来有效提高煤矿开采效率。

然而，目前集中控制技术在矿井监督和控制中还处于起步阶段，大多数煤矿企业并未对该技术给予高度重视，在一定程度上阻碍了该技术的创新与发展，这样就极易出现错误报警情况，进而诱发井下工作人员出现不良心理情绪，对煤矿开采的质量和效率产生不利影响。为了使上述问题得到有效解决，就需要将集中控制技术科学、合理地运用到矿井监督和控制中，进而有效提高煤矿机电设备自动化运行效率。作为煤矿企业，还需要加强对集中控制技术的创新与研发，加大资金投入力度，这样既可以有效规避井下安全事故的发生，如井下坍塌、瓦斯爆炸等，而且还可以确保机电设备自动化的安全、高效运行，进而有效提高煤矿井下作业效率，提高煤矿企业的经济效益。

（二）在煤矿运输方面

通常情况下，煤矿生产涉及多个环节，而且不同环节之间保持着紧密联系，缺一不可。在煤矿生产中，煤炭运输是比较关键的一个环节，其不仅可以确保煤矿生产的正常运转，而且还可以有效提高煤矿生产效率，进而提高整煤矿生产的质量。

实际上，煤矿生产属于一项复杂性、系统性的工程，此时将集中控制技术应用其中，既可以提高机电设备自动化水平，而且还可以提高煤矿企业经济效益。在煤矿运输环节，如果无法配合煤矿生产工作，将会在煤矿生产现场诱发一系列的不良事件，最常见的就是煤炭大范围聚集等，其既会对后续煤矿开采工作的进行产生不利影响，而且还会影响煤矿生产的安全性、有效性。此时如果将机电设备自动化集中控制技术应用到煤矿运输之中，借助智能系统的集中控制可以对运输流程进行一定的优化和整合，而且还可以充分发挥煤矿运输相关设备的基本性能，进而有效确保煤矿运输工作的顺利进行。同时，集中控制技术的应用还可以有效规避煤炭大范围聚集现象的出现，进而提高煤矿运输调度效率，确保煤矿生产可以高效率、高质量地完成。

（三）在煤矿开采工作方面

对于煤矿企业而言，传统的煤矿开采主要是依托人力，不仅需要消耗大量的时间，而且还会影响煤矿开采的进度，影响煤矿企业的经济效益。如今，随着人们生活水平的提升和经济社会的发展，对煤矿资源需求不断增多，此时传统煤矿开采模式已经无法满足经济社会发展需求，需要对其进行改革和创新，而在煤矿开采中自动化集中控制技术就会成为大势所趋，其不仅可以弥补人力开采模式的缺陷和不足，而且还可以提高煤矿开采的效率。在煤矿开采过程中，提升机设备是不可或缺的组成部分，其重量和体积比较大，加之开采人员综合素质水平比较低，会在一定程度上影响提升设备的运行。然而，自动化集中控制技术在煤矿开采工作中被广泛应用后，不仅确保了提升设备的准确度、精确度，而且还可以提高提升机设备应用的安全性、稳固性，有效提高了提升设备的运行效率。

在进行煤矿开采过程中，自动化集中控制技术的应用，还可以更好地满足经济社会对煤矿资源的基本需求，进而满足人们的工作和生活要求。此外，在煤矿开采阶段，由于各方面因素的影响，也会增加安全事故的发生率，此时同样可以借助自动化集中控制技术完善自身的检查功能，以便及时发现机电设备运行各个环节中可能出现的安全故障，并对其诱发因素进行分析，使维修工作人员可以在短时间内给予有效处理，从而确保机电设备的安全、高效运行，进一步提高煤矿开采的效率。

综上所述，在进行煤矿开采过程中，集中控制技术在机电设备自动化中得到广泛应用，尤其是在矿井监督和控制方面、煤矿运输方面、煤矿开采工作方面发挥着至关重要的作用，其既可以提高煤矿生产效率，而且还可以确保煤矿开采工作有条不紊地进行。同时，集中控制技术的应用，还可以及时发现机电设备中存在的安全隐患，并采取有效措施给予解决，进而有效提高煤矿企业的经济效益。

第四节　建筑电气设备自动化节能技术

伴随工业与电气自动化行业的快速发展，建筑电气系统逐步向自动化、智能化方向发展，尤其是在电气设备节能方面，自动化应用系统越加完善。为此，必须重视建筑电气设备自动化节能技术研究，加大研究力度，提升控制水平。

近年来，伴随城市化进程的不断加快，建筑市场竞争日益激烈，建筑节能问题已成为人们关注的热点话题。建筑能耗在总能耗中占比较大，可达到34%，且呈不断增长趋势。随着科学技术的不断进步，各类新型建筑如雨后春笋般不断涌现，建设节能型建筑已成为当今及未来建筑行业发展的"新型经济增长点"，通过投入大量建筑物智能化设备，可大幅降低建筑物能耗，而电气设备自动化技术的应用，不仅能够达到智能、自动控制楼宇电气设备的目的，还能有效节约能源，这一直是建筑行业研究的重点。在建筑工程中使用先进的节能技术和材料，设计绿色节能建筑，实现在提高建筑工程节能环保的同时提高建筑企业的经济效益。

一、建筑电气设备自动化节能控制策略

（一）建筑中央空调系统节能

21 世纪以来，在中央空调系统节能控制方面我国也取得了不错的成绩，中央空调变频调速节能控制系统、中央空调变流量节能控制系统逐渐被大量使用。在此前提下，在集散型中央空调系统内合理运用 PLC、变频技术，并与计算机智能控制方案结合，定流量系统已被变流量系统所替代。为此，根据负载情况，中央空调各运行泵组的运行状态可实时进行监测，这也是中央空调系统节能控制的根本。

在大型建筑中，中央空调系统是不可或缺的一部分，同样也是智能建筑最关键的设备。通过中央空调系统，可以提供更舒适的内部环境，但也会大幅增加建筑物的运营成本，且会消耗大量资源、能源，导致区域能源供需平衡矛盾增大。作为现代建筑物的能耗大户，中央空调能耗已占建筑总能耗的 40% ～ 60%，且呈不断增长的趋势。

1.控制、协调空调主机启 / 停时间与热度

将算数模式设于电脑，可预先连续检测室内热量，并实时监测室内外的环境温度，在一个理想状态计算设备启 / 停间隔时间。通过这种方法，可最大限度降低冷却塔风机等设备的工作时间。此外，还能调节风机设备的送风量或控制冷却水、冷冻水的流量变化情况。

2.控制水泵变频、变流量

按照建筑物设计的最大热负荷由中央空调系统选择冷冻水泵、冷却水泵的容量，保证型号配置合理。系统运行中，相比设计值，空调热负荷相对较小，究其原因在于用户需求不同、自然因素影响等。在中央空调能耗总量中，水泵工作消耗电量较多，可达到 20% ～ 35%，若在低负载情况下降低水系统输送的能量，可实现节能效果。此外，变频器的设置，还可灵活地调节水泵转速及水流量。

（二）照明控制系统节能

照明节能作为一项国家战略，十分重要。随着计算机技术的发展，促进了计算机通信，开始慢慢应用开放式网络，让控制区域内部的所有系统都可实现通信与联动。同时，人们只要在现场以及控制室借助计算机便可实现照明控制。总的来说，照明节

能具有安全、经济和便捷的显著优势。

1. 提高节能灯具的利用率

在整体布局中，优先选择更多的节能设备，既可以达到光照需求，又可以降低能源损耗。根据建筑物自身的特点，以及具体实际应用的情况，对用户光源需求进行分析，结合灯具数量，进行整体布局。对节能灯具的利用给予高度重视，不要认为节能灯具的节能效果有限，可以选择高效率的节能灯具，结合室内的实际情况，设计灯具的分布与使用，减少灯具成本费用，降低电能损耗。在人们对光源没有需求时，可以将灯具进行关闭，延长灯具的使用寿命，扩大灯具的使用范围，为国家节能减排工作贡献力量。

2. 合理利用光源

在利用光源时，应充分考虑到人们的需求与光源的具体情况，还应考虑实际利用情况。比如直管荧光灯光源，则应该充分考虑到建筑的光效要求。但在满足人们光照需求，条件允许的情况下，最好是最大限度地利用天然光源，以降低照明设备用电。可以与建筑行业合作，优化室内的照明情况，比如窗户的设计，最大限度地将室外天然光源引入室内。或者间接利用天然光源，采用散光或传光等手段将天然光源送至需要的场所，属于间接采光。

3. 将信息化技术与照明控制结合起来

在优化电器照明节能设计时，可以与当前的信息化技术相结合，比如设置智能照明控制系统。在当前建筑系统中，智能照明控制系统的应用已经比较广泛了。通过智能照明控制系统，对照明设备进行实时监控，有效减少照明设备的浪费，提高能源的利用率，还能保障照明设备的运行质量，延长照明设备的使用寿命，降低平常养护成本，完全符合我国节能减排的概念。但如果需要照明设备连续工作，应用智能照明控制系统，可以保证照明设备的正常稳定运行，使节能灯具一直处于最佳运行状态。另外，智能照明设备中一般配有亮度传感器，可以根据设定的光照需求自主调节光照强度，提升节能设备的节能效果。用科技来代替人力，降低了工作人员的工作量，从另一方面来说，还促进了人力资源的合理配置，提高了人力资源的利用率。

4. 选择优质材料

优化建筑电气照明节能设计，在保证质量的前提下，选择性价比高的材料。选择优质材料不仅可以提高能源利用率，降低能源损耗，还可以延长照明节能设备的使用寿命，充分发挥照明节能设备的功能。比如变压器、电线短路等不良现象，对变压器造成了不同程度的损耗，选择优质变压器，提高变压器的抗损耗能力，促进了能源的节约。

总之，建筑设备电气自动化系统是人们利用现代先进的科学技术对建筑设备进行控制管理而研发的一套系统。目前，我国现代城市化发展的进程加快，一定程度上致使建筑对电能的需求量也在不断扩大，电气系统已成为城市建设必不可少的应用，电气系统自动化有助于建筑设备在管理和控制中充分提高设备的工作效率，增加可靠性，进而为用户提供更加舒适的居住体验。但是在建筑耗能的问题中，与我国建立节约型社会的理念相悖，所以通过积极运用科学的节能技术有助于实现建筑的绿色、环保。所以对建筑电气自动化系统的节能控制进行探讨很有意义。

第五节　建筑机械设备自动化现状和关键技术

随着我国经济的快速发展，建筑行业发展迅速，人们对建筑施工越来越重视，所以在建筑施工过程中，施工应保证建筑具有安全高效、优质、省力和舒适的特点，建筑工程中机械设备是必不可少的，过去的建筑机械是手工操作，使得工人的劳动强度增加，从而降低生产效率。本节对建筑机械自动化的现状与关键技术进行研究与分析。

一、建筑机械自动化技术的应用现状

我国的建筑机械自动化技术起步比较晚，但是改革开放以后，城市化进程速度加快，建筑机械自动化技术广泛应用在建筑施工中，但是现在我国的建筑机械这边品种少、缺点多、维修费用高等，使得我国建筑机械自动化无法顺利进行，所以通过机械自动化技术发展来促进建筑行业发展是十分必要的，建筑机械自动化分为工作设备自动化和整机主动操控及机群施工体系操控，工作设备自动化主要用于沥青混凝土摊铺机熨甲板的主动找平操控体系等，而整机主动操控及机群施工体系操控用于混凝土喷射机器人、高层大楼全主动施工体系等。

（一）自动化压路机

压路机是水库大坝的混凝土浇筑施工中所用的主要设备，当前其自动化技术方面已经引入了检测装置、数据处理装置、远程通信装置和中央控制系统等功能模块，可以实现作业过程中以预设的地面基准点为依据，采用光波距离测算仪和机载自动跟踪仪进行工作位置的测定，然后将测得的位置数据通过通信模块传输到中央控制系统，该系统可将设备位置信号转换为设备控制指令，以无线通信的形式调整和校准设备，从而精准完成一系列大规模的压实作业。

（二）推土机、挖掘机作业的自动化

推土机、挖掘机等建筑土方施工机械的自动化改造会很大程度上提升施工质量和效率。最早在推土机的铲刀和挖掘机的铲斗上使用的自动化控制装置是1976年研制成功的以开关系统为基准的反馈控制系统，该系统由投光器、感光器和控制系统构成，由于装置本身存在的速度响应问题，最终未能投入实际应用；但随后由日本学者北郁夫研究开发的KOMATSU Laser leveling sustem实现了在推土机作业中车速为5km/h时，施工平整度误差保持在3cm以内，因此获得了良好的效果。

二、建筑机械自动化技术的关键技术分析

（一）机身位置识别技术

施工中机身的位置识别技术十分重要，通过这项技术建筑机械可以准确识别自身所在的位置，以保证各项施工的顺利进行，对于机身识别方式有两种：一种是内部位置识别，这种识别方式速度传感器配合回转式角传感器，对数据进行检测，然后有计算机中心接收检测数据，根据数据的变化判断机身的位置。还有一种是外部位置的识别，以施工现场预先设定的位置为基础，判断机身位置依赖建筑机械设备完成。

（二）作业对象的识别和评价技术

建筑机械工作时，识别作业对象技术实现自动化，保证施工的顺利进行。判断与决策机械作业方式时，主要依赖作业对象识别与评价技术，在作业对象识别与评价技术的作用下，将相关的信息反馈到计算机中心，然后对施工对象能力进行评判，以保证各项施工的顺利进行。

（三）安全保障的机能

在建筑施工过程中会用到各种类型的施工设备，加上大量的工作用具和建筑用材等障碍物也会存在，这无疑增加了建筑设备施工运转的困难。要想保证运转中的设备不会互相干扰且可以保证高效和谐的运转的话，就只有引进一套集报警、辨认、中止工作和安全域断定的诱导操控机能了。

（四）机群协作的操控技能

建筑机械设备要在联合工作的现场实现主动化的话，就必须对各个工作设备的具体情况进行实时监测，然后反应给中央操控室，中央操控室核算后就会拟定出最优化

的分配形式，构成工作指令后传送到运送车辆或各个设备，运送车辆或机械设备在接收到工作指令后可以根据指令来工作的全过程、全方位的操控体统。

三、我国建筑机械自动化发展的方向

（一）重视国外先进机械自动化技术的引进和利用

国外建筑机械自动化技术水平高于我国，我国在研究开发过程中应该重视国际先进技术和经验的引进，并根据需要进行创新。在新的时期，特别是随着经济全球化的进行，市场竞争会更激烈，这便要求我国必须重视加大研发的力度，并根据实际需要创新。

（二）施工规模巨型化的建筑设备自动化

随着社会经济的发展，建筑物也呈现出高和大的特点，这给施工带来一定的困难，施工规模也在不断扩大，比如大型水利工程、超长隧道、超深的地下工程以及大跨度桥梁施工规模便比较大。想要提高施工的自动化水平和施工速度，需要建筑机械综合集成自动化的实现。此外，还应该采取措施提高机械的通用性和生产率，随着规格的不断增加，生产率也会有明显提高，作业时间也会缩短。比如微型挖掘机，其能够满足用户多方面的需求，在狭窄的位置中，生产效率比较高。

（三）建筑机械自动化过程中必须重视安全和绿色

随着城市化建设的进行，建筑行业有了较快的进步，但是建筑机械设备比较落后，和物质文明发展不适应。建筑工程建设过程中，破坏了城市原有景观，甚至出现了一些不必要的建筑安全事故，导致财产损失和人员伤亡的出现。这便要求在建筑机械自动化发展过程中，必须重视安全，切实做到以人为本，重视操作者的安全和利益。此外，在建筑工程建设中，还应该重视绿色环保，保护周围的景观，避免出现不必要的安全事故，维护人们的生命安全。

（四）改善司机劳动的环境

建筑机械自动化的一个重要方向便是改善司机劳动环境。在自动化机械设备中应该用宽敞舒适的大玻璃司机室代替以往狭小的司机室，让司机工作时更加舒适。提高司机室的隔音效果，将低噪声的发动机使用进去，这样司机工作过程中受到的影响会比较小，这对司机的身心健康非常重要，所以在建筑机械自动化发展过程中需要重视司机劳动环境的改善。

四、我国建筑机械自动化的未来发展分析

面向施工规模巨型背景下的建筑机械自动化情况，建筑物的大、超高、重使得建筑机械越来越大，如超深地下工程、超长隧道、大型水利工程、大跨度桥梁等。建筑工程的高级化主要表现在高级公路、高速列车、高级精美的建筑物等上。这就导致建筑机械逐渐向集成自动化发展。为了让机械能够发挥更多功能、完成更多生产，不仅要提高机器规格，更要研发动力，将作业时间缩短。国外已经有微型挖掘机被发明出来并投入使用。微型挖掘机比正常挖掘机在狭窄的区域更能高效运作，而在占地面积上也有优势。建筑机械自动化必须以人为本，保证建筑机械的操作让施工各方都能满意。

建筑机械设备自动化技术应以减少资源浪费为前提，提倡建筑行业使用建筑机械设备自动化技术，促进建筑行业健康发展，对建筑机械设备自动化技术的应用，需要提供相应的资金作为保障，推动建筑机械自动化技术的创新，促进建筑行业的生产效率，使得机械设备自动化发挥出其作用。

第六节　智能建筑设备电气自动化系统设计

近些年，我国科技水平发展十分迅速，电气自动化被广泛应用在智能建筑中。建筑行业的人员必须高度重视建筑设备电气自动化系统的设计质量，在此基础上，不断对智能建筑设备电气自动化系统的技术要点进行不断创新，以保证建筑物的使用安全，打造让人们安心的新时代建筑。基于此，本节将从智能建筑设备电气自动化系统的功能着手，对其各项设计要点展开介绍。

当前社会经济快速发展，人们逐渐加强对居住和办公环境的重视，也提出了更高的要求，而这一点对促进智能化建筑工程的发展有极大意义，相应确保建筑电气自动化设计工作的有效开展，就应注重电气自动化系统的设计和实现，只有如此才能为满足人们的各项要求提供保障，也为建筑领域的自动化和智能化发展提供坚实保障。

一、建筑设备电气自动化系统概述

针对建筑设备电气自动化系统而言，所涉及的控制对象主要包括空调监控、照明和动力监控、变配电监控、给排水监控等一系列相关内容，这些系统都是建筑中必不可少的系统。在建筑设备电气自动化系统设计中，针对各个系统都要配备相对应的具

备高处理能力的控制器，对其运行情况进行有效控制。在实际控制过程中，有针对性地管理和约束建筑系统的各项功能，这样可以使整体建筑的管理水平得到显著提升。与此同时，利用实时监控系统，可以及时有效解决相关设备故障，使故障的危害程度得到充分的降低，并呈现出节能环保的效果。针对建筑设备电气自动化系统的工作原理而言，主要是针对现有的数据信息进行分析之后，通过智能化的设备有针对性地做出分类处理和判断，以此为科学合理地解决故障提供参考依据。在智能建筑的运行过程中，建筑设备电气自动化系统是其核心，对于建筑系统而言，有效利用计算机网络技术可以展开统一化、标准化的控制和管理，这样可以使整体建筑的日常管理效率得到显著增强。

其他（宣传力度、设施）：针对部分电能替代技术例如制茶、制烟和农业排灌等，在不发达地区有依然使用秸秆、木材或者煤炭作为燃料的情况，除效率低不易控制外，工作环境也能较大改善。

二、智能建筑设备电气自动化系统功能

作为智能建筑设备电气自动化系统，必须具备以下几种功能，一是自动化控制设备，二是数据监测，三是事故处理，四是实现机电设备的统一管理。首先，智能建筑电气设备自动化系统要能够自动完成机电设备的开启、运行和关闭控制，并实时显示各设备的运行状态，以便工作人员能够随时了解设备状况；其次，智能建筑设备电气自动化系统要具备实时显示设备运行参数变化的功能，并将所获取的数据信息进行存储，从而为工作人员提供重要的参考依据；再次，智能建筑设备电气自动化系统还要具备事故处理功能，当设备发生故障时，要能够自动进行检测、判断，并启动相应的处理方案，从而确保设备的稳定、安全运行；最后，智能建筑电气设备自动化系统还要实现对机电设备的统一管理，从而促进各设备工作、消耗和维修的规范化协调发展。

三、智能建筑设备电气自动化系统设计

（一）电气自动化技术在监控系统中的应用

由于软件进行分类时按照图像的光谱特征进行聚类分析，并且分类具有一定的盲目性，因此，对分类后的图像进行后处理。首先进行聚类统计，由于制度表达受精度的限制，对于分类结果中较小的图斑有必要进行剔除，然后进行重新编码，最后得到分类类别明确和图面比较完整的分类图像。由于后处理前的分类图像存在某一土壤类的图斑太小而被剔除，因此最终输出的结果为34类土壤亚类。使用验证样本，以

混淆矩阵分析方法计算总分类精度 R 和一致性指数 Kappa。结果总体分类精度达到74%，整体 Kappa 统计值为 0.728。

（二）通信自动化

说起智能建筑的信息通信系统，具体功能的实现主要是通过电话公网以及数据网等互联互通来进行的。其中涉及的安全便捷的信息通信服务和各类数据信息的呈现等都是借助这样一种信息通信系统来达成的，因而此系统的性能应确保达到最佳状态，而其中涉及的各个子系统也应实时予以优化。诸如固定电话通信系统和声讯服务通信系统以及无线通信系统等，都应处于精准高效的状态，这样用户所需的各项服务也就能较为顺畅地予以实施和推进。

在现代化的智能建筑电气系统中，自身已经具有了较多的功能，监控工作的能力也在大幅度提升，其主要的功能作用就在于通过摄像头采集相关的数据信息，采取视频方式捕捉好一系列的人像，从而减少了传统监控工作方面比较巨大的人力物力资源的投入，将成本进行了一定程度的控制。在监控范围上，利用电气自动化技术也可以进行大量提升，在细节化处理方面工作能力更强，也可以在细节控制的过程中不断提升安全防范的意识和能力。

（三）门禁系统电气自动化

对于现代化智能建筑的建设过程中，门禁系统是其中必不可少的一部分，也是利用了电气自动化技术的结果。无论在小区还是在办公场所中都可以用到门禁系统的使用，在其中利用了自动化的技术原理，同时利用门禁卡的识别进行信息对比工作，从而触发门禁系统。在此系统的使用过程中整体工作效率被大大提升，也将原本人为管理的准确率大大提升，将事故发生率得到了控制。门禁系统的主要工作职责是将非本小区或者本单位的人员进行安全隔离，减少外来人员的进入，保证区域内的安全问题。通过电气自动化技术控制的门禁系统，夜间无须专门的工作人员值班，也不需要专人进行数据的整理和分析，自动化系统可以直接进行数据的处理和分析，具有高效性的工作特点。

（四）重视给排水系统的合理设计

对于建筑工程中给排水系统设计，应借助水泵设备、传感器设备共同参与到工作中。对于给水系统的设计，其方式包括运用水泵设备来直接实现给水要求、运用高位水箱来完成给水要求、借助气压罐满足给水要求。但对于建筑室内的排水系统，其设计一般会借助重力来完成水流加压的排放。在实际设计中，会通过将传感器安装到水泵适宜的位置，而后对排水系统具体排水的参数等进行监控，也可以运用监控水压来实现对水泵操作运行进行控制的要求。通过运用传感器来检测排水情况、最低报警水位和启泵液位，能够实现智能化排水管理，这对建筑工程的有效开展有极大帮助。

总而言之，在智能建筑设备电气自动化系统设计的过程中，要综合考虑多方面因素，一方面要明确各个子系统的功能，通过先进的技术确保系统的稳定、安全，另一方面还要考虑到电气自动化系统的运行成本，在设计过程中做好节能环保工作。应用智能建筑设备电气自动化系统能够有效提高建筑环境的舒适度，提升建筑设备的管理效率，具有非常广阔的发展前景。

第六章　电气控制自动化技术

第一节　电气自动化控制系统的应用及发展

通过调查研究发现，国家的发达程度往往与该国家的生产自动化程度有着密切的关系。以我国为例，我国生产自动化水平在新中国成立初期处于较低水平，因此生产效率与产品质量都难以与国外企业抗衡。但是随着我国科研人员的不断努力，目前我国很多企业都已经实现了生产工艺自动化，无论是在农业、工业还是军工、航空航天领域，自动化生产工艺的应用都在很大程度上提高了我国的工业生产水平，保障了产品的质量，我国的总体国力也得到了有效提升。在未来一段时间里，我国电气自动化技术以及控制系统技术将往何种方向发展，是值得我们探讨的。

一、不同行业中电气自动化控制系统技术的体现

（一）在传统机床中的应用现状

在机械制造行业中，提高机床的生产效率能够有效提高生产效益。继电器控制系统是传统机床的主要控制设备，但是通过生产实际发现，这种控制设备极易发生线路老化等问题，进而导致设备灵敏度下降，难以对机床进行有效控制。技术人员通过对传统机床的继电器控制系统进行改造，将控制系统改造为以 PLC 为主的电气自动化控制系统，从而避免了电路老化导致的生产问题，并且能够实现对机床的实时监控，对及时发现机床故障起到了重要的作用，并间接提高了机床的生产效率。

（二）在火电系统中的应用现状

在我国能源结构中，火力发电仍然是主要的电力来源，并且火电厂除了能够供应电力以外，还能为其他企业供应蒸汽、热水，对我国工业发展仍然有着重要的意义。火电厂中很多设备处于高温环境中，很难实现人工控制。另外火电厂设备复杂，传统

的控制方法很难实现多设备同时控制，同时也缺乏有效的监控，因此当出现故障的时候，技术人员不得不对设备进行逐个的排查，确定故障位置与故障原因。在火电系统中引入电气自动化控制系统，则能够实现水循环系统、除灰除渣系统的统一控制或顺序控制，PLC技术的应用，更是大大减少了工作量。很多高温环境中的设备也能实现远程的控制与监控，并让技术人员能够第一时间发现系统中存在的异常，降低了火电系统的操作风险以及工作量。

（三）在农业、水利行业中的应用

我国国土广袤，但是能够作为农田的土地却十分有限。由于我国人口众多，因此我国需要大力发展农业以保证群众的温饱，水利工程作为提高农业生产水平的重要因素，同样需要技术的更新与换代。在农业、水利行业中推广电气自动化技术，能够将远程控制温室大棚环境因素成为可能，也能实现农作物的自动化灌溉。在水利行业方面，电气自动化控制系统的应用让远程监控水温动态变化趋势成为可能，并能够实现监测设备的远程控制，从而为农业生产提供实时、可靠的水文数据，为农业灌溉提供技术支持。

（四）在混合料生产中的应用

在化工行业、饲料生产行业、建筑粉剂生产行业等，都涉及混合料的生产过程。传统的混合料生产方式依赖于人工拌制，这种方式的生产效率极低，电气自动化控制系统的应用，能够实现从原料配比、进料、拌和和出料等过程的全自动生产。机械化、自动化的混合料生产工艺，一方面降低了人工投入，提高了生产效率，另一方面也避免了由于人工拌和所导致的物料成分不均等问题，进而提升了混合料的生产质量。

（五）在汽车行业中的应用

在汽车生产过程中，技术人员发现很多司机都存在停车的困扰，由于驾驶员驾驶技术限制，很多人都很难快速准确地将车辆停在停车位内，因此一键泊车技术的应用很大程度上提高了驾驶员的停车效率。一键泊车技术是电气自动化控制技术以及感应技术的融合，由此可见，在汽车行业中电气自动化控制技术的应用也推动了汽车行业的发展。另外，汽车中空调、指示灯、音响等设备的控制也离不开电气自动化控制系统。

二、电气自动化控制系统发展过程中存在的问题

随着电气自动化控制系统应用范围的不断扩大，各行各业的技术人员都根据实际生产情况对电气自动化控制技术进行了调整，该技术在我国得到了长足发展。但是在

实际生产中我们也发现，由于不同行业所掌握的电气自动化技术有限，系统工作环境也有很大差别，所以在电气自动化技术应用过程中仍然存在一定的问题，具体问题如下。

（一）系统工作环境过于复杂且缺少有效维护

我国各行业都应用了电气自动化控制系统，但是维护系统的人员多是相应行业的生产人员，很少有专业的电气技术人员对设备进行维护。因此，在实际维护过程中，会发现维护人员由于缺少足够的电气自动化知识而无法第一时间发现系统中存在的问题，因此错过了维修系统故障的最佳时间。技术人员也很难制定有效的维护方案，对系统进行有效检查与维护。

（二）电气自动化控制系统中的精密零部件质量较低

硬件设施是保障系统正产运转的重要因素，但是我国对于精密零件的生产技术仍然相对落后，所以国产电气自动化控制系统往往存在精密零部件质量较差的问题。这一问题的存在直接导致国产电气自动化控制系统的稳定性欠佳，从而影响对生产系统的控制与监视，对正常的生产过程产生不利影响。

（三）电气自动化控制系统引进安装成本较高

目前，由于各方面技术的限制，电气自动化控制系统的生产成本相对较高，因此各个行业在引进该技术的时候往往也需要投入较多的资金，这就给电气自动化控制系统的应用造成了一定的阻碍。并且，不同行业的企业计划采取自动化的生产工艺时，往往需要聘请多个专业的工程师对系统进行设计，因此设计成本也会随之提升。如果不同专业的工程师没有进行有效的沟通与配合，设计出的工艺设备也很难实现高效率的生产，甚至难以达到有效的自动化控制效果。

三、未来电气自动化控制系统的发展方向

（一）开放化发展方向

芯片技术、集成电路技术是目前电气自动化控制系统的核心应用技术，目前这两种技术逐渐往开放化的方向发展，很多芯片及集成电路能够实现更多的功能，从而能够与不同行业的设备进行融合。目前，我国技术人员研制的 ERP 系统几乎能够将所有的电气控制系统联系起来，从而实现数据的集中收集与整理，并且实现生产设备一站式控制的效果。可见，这种开放式技术将成为未来电气自动化控制系统的发展方向。

（二）市场化发展方向

适合市场实际情况的技术与产品才能被市场认可，所以未来电气自动化控制系统技术将通过研发等方式生产出性价比更高的控制设备，从而减少企业引进该技术的成本。同时，提高系统设备的可融合性、可改造性、可维护性也将成为电气自动化控制系统迎合市场的实际需求。

（三）智能化发展方向

在各行各业中，都将智能化作为技术的主要发展方向之一，电气自动化控制系统也不例外。智能化是在自动化的基础上提出的技术概念，通过电气自动化控制系统中的智能化感应设备，控制系统感应故障的能力能够得到有效提升，从而进一步提升系统的整体性能。

（四）统一化的发展方向

目前，我国不同厂家生产的电气自动化控制系统的接口、软件的种类很多，并没有进行统一，一旦系统出现故障，很难找到适合的替换元件，从而导致设备无法正常运行。因此，统一电气自动化控制系统设计方法以及必要元件的规格对发展该技术有着重要的意义，这也将成为该技术未来主要的发展方向。

随着电气自动化控制系统应用范围的不断扩大，我们也发现了很多问题。所以，在未来的技术创新过程中，我们更应该基于技术的应用现状，发现技术应用问题的根源，提出有效的解决方法，并明确未来的技术发展方向，为促进电气自动化控制系统技术的发展提供新的思路。

第二节 电气自动化仪表与自动化控制技术

本节将阐述电气自动化仪表与自动化控制技术的含义，分析电气自动化仪表的主要功能，研究电气自动化控制系统的组成，希望促进电气自动化技术的发展。

一、电气自动化仪表与自动化控制技术的含义

电气自动化仪表和自动化控制技术就是自动化的结果，自动化的操作平台对其进行数据和信息的采集、处理、整合等一系列工作，对各个领域的工作运行情况进行检查、分析，为其工作提供详细的科学数据分析参考和支撑，节约了人力、物力和资金的大量投入。

自动化的数据分析是信息收集过程中的一个重要步骤，对工业这个行业的发展和运行起着十分重要的作用，信息的高效率分类为信息形成了一个完整的自动化体系。自动化的信息整合也极大地提高了工作效率，还方便了工人对数据的快速查找以及对方案进行科学制订。

二、电气自动化仪表的主要功能

（一）智能化检测和智能监控的功能

电气自动化现在在许多行业中都得到了广泛应用。目前，电气也有了自动化系统，在工程建设中广受人们的欢迎。在工业行业工人施工的时候，能够使用电气自动化的检测功能，然后可以去检测工人施工环境的数据指数，并且能随时监控其一步一步地运用和发展。通常情况下，运用电气自动化仪表传感器的智能检测功能后，其项目的检测数据不仅会在自动化仪表上显示，还能在电脑屏幕上显示，进一步方便了人们有效、仔细地观察。

在电气领域自动化系统除了智能化检测功能外，智能监控的效果也是非常显著的。现在的监控系统越来越高级，电气领域自动化系统的监控功能也不例外，它紧紧跟上时代发展的脚步，一步一步升级并完善自己。

（二）数据的自动化整合功能

电气自动化仪表的自动化系统能对信息数据进行自动分析和整合。系统自动化的整合能有效提高数据信息的准确性，进而能够更加清晰地了解机器的使用情况，极大地避免了人工手动整合所出现的失误和一些细节上的错误。电气仪表的自动化在很大程度上提高了数据的准确性，减轻了工人的工作量和负担，极大地提高了工作效率。

（三）测量和自动化保护功能

电气的信号灯和指示灯代表了电气设备系统的运行状态，根据电气自动化仪表显示的参数来判断电气设备是否在正常运行。以前，相关的工作人员在电子设备进行工作时，会用专门的仪表对其参数进行测量分析，分别是 P、I、U 三个方面的参数分析。但现在，已经不需要专门的工作人员去对数据参数进行人工分析了，电气自动化仪表就能成功完成这些数据参数的测量和分析了。

电气系统的自动组成部分和高压开关的重点功能分别是合、分闸，此功能主要是能在电气系统发生故障时，它能自动切断电源，以此来对电子设备和系统进行保护，将危险及时地控制在最小范围内，极有力地避免了大型事故的发生，减少了经济等方面的损失。

三、电气自动化控制系统的组成

（一）对 PLC 模板的控制

PLC 模板的运行对电气自动化的控制系统有着重要作用，如果 PLC 模板的运行错误，将会对整个电气系统造成很大的影响。所以 PLC 模板的严格要求具体体现在对元件的选择上，每一个元件的选择都要具备系统的屏蔽功能，而且不同的元件要有其单独的屏蔽功能。PLC 模板的加工与生产也要严格按照生产标准，使其符合生产要求，具有稳定的状态。生产完之后还要有专业人员对其进行严格检查，以确保各项指标都符合其生产标准。

（二）中央系统的控制

中央控制系统同它的名字听起来一样重要。中央控制系统主要是由微型处理器控制的，然后和信息系统相结合，最后将其运用于电气自动化控制系统。如果电气设备发生故障，中央控制系统能第一时间发出危险指令，以此提醒工作人员，这样就可以及时对故障的电气设备进行维修。

（三）通信模块

通信模块主要是对数据信息进行采集、管理和储存，并将其发送到计算机系统上，进而实现电气自动化对整体的控制。通信模板主要是通过网络这个平台向电气信息进行数据的传输和发送，它的载体是光纤技术，并通过通信技术将错误的数据发送到电气自动化仪表上，以便工作人员及时发现电气设备的故障，从而进行修理。通信模板不仅实现了信息的共享，而且对电气和仪表的信息传输也更加高效率和精准。

四、对电气自动化控制技术的分析

（一）电气自动化控制的设计理念

电气自动化控制主要是由多个处理器改成了一个处理器对整个系统和设备进行管理。其优点是减少了处理器的数量，方便了对处理器的控制和操作，有优点的同时也存在着缺点，因为所有的工作都集中在一个处理器上，就像一个集体的工作，团体内所有的成员都把各自的工作分给了其中一个成员，这个时候的处理器就和那个成员一样担起所有的任务。繁重的工作量会使其超负额运行，因此会导致处理器的压力较大，容易发生故障，而且会使工作速度变慢，效率降低。

（二）对系统运行中的探析

电气自动化系统接收到由计算机网络发出的数据信息后，先对这些数据信息进行一下处理，然后在其相对应的储存设备中进行保存。同时，电气自动化系统的服务器会把保存的数据发送到与其相关的服务站，然后在通过进一步的处理之后，将这些数据信息上传到网络，以供大家浏览参考。

（三）对电气自动化控制技术的前景分析

电气相关企业要重视对调节器的智能发展。在我国科技发展水平如此迅速的情况下，人们对电气设备的使用上也提出了更多要求，电气自动化这个领域上的主力军调节器就要首先完善自己，对其功能进行不断的改善和创新。电气自动化的相关企业要认识到自己的不足，然后去改善，以免被后起之秀碾压，进而消失在这个行业领域内。

要对电气自动化控制技术的传感技术进行完善。随着电气自动化仪表规模的缩小和相关功能的完善，电气企业要对其中的传感技术进行改善。不同类型的电气企业有着不同的仪表规模，所以对传感技术的完善应该根据自己企业的电气自动化仪表规模，使其改进的同时要完全符合生产标准和相对应的电气需求，只有这样才能保证整个电气系统的安全。对传感器的调节和完善也能够使电气自动化仪表更加精密，跟得上时代和科技的发展，从而能长久地存在电气自动化的领域中，不会被时代的浪花拍死在沙滩上。

电气自动化仪表在发展过程中要能够发现并有效避免风险，其控制系统和测量功能要精准，不能出现任何差错，还要加强对调节器和传感技术的完善。不同模板之间要加强控制，加强对不同元件之间的联系，这样才能不断改进并完善电气系统，使其技术得到相应的提高。

第三节　电气自动化控制安全性能分析

高科技技术的不断研发使得我国各领域的自动化水平都得到了很大提升，其中电气自动化设备发挥了至关重要的作用，通过使用电气自动化设备，各项生产经营活动的效率和质量都得到了有效改善，但是由于各种因素的影响，电气自动化设备使用过程中也会发生一些运行故障，对人们和企业的生命财产安全造成了严重威胁。为此，各行业工作人员在使用电气自动化控制设备的时候，就要采取科学有效的措施进行安全事故预防，同时，电气自动化设备设计人员也要提高设计水平，确保设备本身性能的安全质量。本节就电气自动化控制安全性能的相关内容展开详细阐述。

在当前经济条件下，人工劳动成本越来越高，为了缓解这种现象，更多企业开始倾向于选择使用电气自动化设备进行企业运营管理和生产运作。实践证明，电气自动化设备的应用确实有效提升了企业的管理质量和生产效率，产品品质也得到了可靠保障，为企业赢得了更多的经济效益。如此电气自动化控制设备的需求量就越来越大，功能要求也越来越复杂，同时也对自动化设备本身的安全性以及设备使用人员的专业性提出了更高的要求。

一、保障电气自动化控制设备安全性的重要意义

与传统人工劳动模式相比，电气自动化控制设备的突出优势主要表现在两点，一是经济高效，二是安全可靠。其中最重要的就是设备的安全性，只有电气设备的运行安全得到可靠保障，才能最大限度减少其运行使用过程中出现故障的频次，从而保证生产进度的顺利进行，降低设备检修成本，为企业节约更多的资源。另外，随着国民经济水平的提高，人们越来越重视产品的安全性，只有电气自动化设备的安全性得到了保障，才能产出更加高质量高品质的产品，满足人们对高品质产品的需求，从而增强企业的市场竞争能力，为其创造更多的价值。由此可见，保障电气自动化控制设备的安全性对企业发展起着重要作用。

二、电气自动化控制设备的安全性现状

电气自动化控制设备是由许多零部件组成的，各元件的质量对电气设备的整体安全性起着关键作用，所以要想保证电气自动化控制设备的安全性能，首先就要保证其组成期间的安全性。但是随着社会和经济的发展，同行业竞争形势越来越激烈，电气自动化设备元件的零售商家也越来越多，由于商家的进货渠道不同等多种原因，各家销售的电气自动化设备零部件质量会存在较大差异，使用在电气设备当中之后会直接影响设备的安全性能，所以各单位在采购电气自动化控制设备及其元件时，务必要认真检查其产品质量，条件允许的情况下应当采取专业的检测手段对产品参数进行检验，确保其符合使用要求再投入使用。

三、影响电气自动化控制设备安全性能的因素分析

（一）元器件质量的影响

在激烈的市场竞争环境下，电气自动化控制设备的元器件销售商家越来越多，而

我国相关管理部目前还没有对这些元器件质量形成统一的管理标准，致使当前电气自动化控制设备的元器件市场相对混乱，不同商家的产品质量存在较大差异。比如，某些商家对电气设备元器件的安全性能重视程度不足，会为了获取更多的经济利益而选择质量不过关的、低价的产品，然后销售给电气自动化设备使用单位，严重降低电气设备的使用安全性，严重时会给生产企业造成巨大的经济损失。

（二）电磁波的影响

组成电气自动化控制设备的主要元件基本上都是金属和电子类期间，这些材料在设备运行过程中，很容易受到电磁波影响而使作用效果发生偏差，影响电气自动化控制设备的安全性，缩短其使用寿命。在实际工作环境当中，通常是难以避免电磁波的存在的，甚至在某些特定场景当中，电磁波的强度会比较大，播源护比较多，这样就会使电气自动化控制设备的运行安全性受到很大影响，所以电气自动化设备使用单位应当尽量选择品质过关的设备，以保证其运行过程中有足够的抗干扰能力，提高企业的设备利用率。

（三）气候环境的影响

为了使电气设备具有良好的自动化运行功能，设计人员通常会选用精密度较高的器材作为设备制造材料，而且设备内部的零部件也会使用大量的高灵敏度器材。这些高精度、高灵敏度器件在不同的温湿度或气压环境下，其作用能力是不同的，有些设备甚至会因为所处环境条件的变化而诱发严重的设备故障或者直接发生设备瘫痪现象，进而降低电气自动化设备的安全性，给企业生产运营工作带来极大的不利。

（四）机械作用力对设备造成的破坏

电气自动规划控制设备在使用过程中如果遇到高强度机械作用力的话，也会遭到严重损坏，降低设备的安全性能，给设备使用人员和使用单位造成不可挽回的损失，相关电气设备使用单位应当对此引起足够重视，积极采取有效措施对有害机械作用力加以管控。

（五）工作人员专业水平的影响

虽然电气自动化设备具有很高的智能化水平，但是某些系统操作和程序设定仍然需要人工进行管理，同时也需要有技术人员对其进行必要的日常维护，所以工作人员对设备的了解程度和操作的专业程度也会在一定程度上影响电气自动化设备的安全性。尤其是维修操作，如果维修人员缺乏专业的维修水准，在进行设备故障检修和拆装过程中发生失误或偏差，更会加剧设备的损耗，引起严重的安全事故。

四、有效提高电气自动化控制设备安全性能的措施

大量实践经验证明，要获得高质量、高效率的自动化生产作业效果，首先要做到的就是提高电气自动化控制设备的安全性能，降低设备运行过程中发生故障的概率，从而保证生产作业任务的顺利进行。这就需要电气自动化控制设备设计人员和设备使用人员共同努力，从多方面入手确保自动化设备的安全性。

（一）优化安全设计

想要提高电气自动化控制设备的安全性能，首先要做的就是从源头做起，在设备的设计阶段，就要加大设备设计优化力度，在设计过程中要严格遵循国家颁布的相关设计规范，设计工作要始终以科学理念为设计指导，在对设备构件选取的过程中，设计人员一定要做到严格仔细，要确保选取的设备构件可以满足设备的设计要求，并预留一定的安全系数，以此确保电气自动化控制设备在使用过程中可以安全运行，此外还要提高电气自动化控制设备的使用年限，避免设备经常性地出现维修的情况，有效避免外部环境对电气自动化控制设备安全性能造成的影响。

（二）严格选择元器件

从电气自动化控制设备的使用方来讲，要确保电气自动化设备的安全性，首先就要从采购环节进行质量把关，选择优质的供货厂家，并对设备的各项参数进行严格的检测，比如设备的型号、功能、保质期等，确保所采购的设备符合国家相关规定的要求，同时还能够满足实际生产需求。另外，在设备运输和组装过程中也要做好安全防护工作，避免因为运输方法不当或者组装失误影响设备的安全性能。

（三）改善控制设备的散热

散热问题一直是电气自动化控制设备使用过程中，较容易造成设备出现安全问题的原因。目前使用的大多数电气自动化控制设备，都存在着散热方面的问题，这些设备在使用过后往往需要较长的时间才可以对设备进行冷却，这就导致了设备中的热量无法得到及时排除，在长久的使用过程中，电气自动化控制设备一直处于高温的工作状态，但是电气自动化控制设备并没有耐高温的性能，长此以往，电气自动化控制设备的安全性能就会降低。为了有效解决散热问题，在电气自动化控制设备的设计以及制造环节，就要对设备的散热问题给予足够的认识，对设备的散热功能进行不断的改善，并积极学习先进的散热技术，敢于把新型的散热技术应用到生产过程中，以此使得电气自动化控制设备可以具有优质的散热性能，进而使得电气自动化控制设备的安全性能得到保障。

（四）对设备操作人员加强培训

想要提高电气自动化控制设备的安全性能，仅仅依靠于设备性能的提高是不充分的，相应地对设备操作人员进行培训，才可以全方位地提高电气自动化控制设备在运行过程中的安全性能。

经过以上分析可以发现，电气自动化控制设备的安全性能无论对设备本身的可靠性还是对设备使用单位的利益来说，都有着关键性的影响。在信息化、数字化时代背景下，电气自动化控制设备已经成为各行业运营过程中必不可少的设施，从宏观上来说，电气自动化控制设备的安全性对我国社会和经济的发展都有着至关重要的影响，所以各领域工作人员都要对此引起足够重视。

第四节　嵌入式的远程电气控制自动化系统

我国多数工厂，在机电设备管理工作中，采用了电气化系统进行管理，大大提高了机电设备的管理质量，但是，管理控制方式使用的依然是传统的分散式管理，该管理方式的弊端在于管理具有一定的局限性，随着电气设备的发展，已经满足不了人们的需求。但是，若是通过局域网建立一个环网进行远程控制设备，使机电设备得到远程操控，当机电设备出现问题时，可在第一时间对其采取处理措施，此控制自动化系统体现了一体化性能，是机电设备理想的控制管理系统。

一、传统的远程控制系统及嵌入式远程监测系统分析

近年来，我国科学技术蓬勃发展，工业自动化如雨后春笋不断涌现，人们对控制系统提出了更高的要求，工业生产中离不开自动化控制系统，该系统的研发建立在多媒体技术、计算机计算以及网络通信技术等之上，是多种技术结合之下所衍生的产物，具有理想的通信功能，将人机有机结合，进行机电设备的控制与管理工作。但是，随着大型工业的发展，过程控制站的规模越来越广泛，功能发生了改变，愈加集中，现场传输信号、检测信号以及控制等，一一采用的是模拟信号，已经代替了集中监控、分散控制的方式。迫于大型工业的需求，电气设备研究工作依然在进行中，将有各种类型的电气设备推出，复杂化的电气设备给控制管理工作增大了难度，传统的 DCS控制方式对其进行管理控制，问题百出，在今天已经不适用，太网的远程集控系统解决了一系列问题，在工业生产中得到了认可，实现了现场控制，除了部分仪表不能进行有效控制之外，其他的现场仪表完完全全可以进行高级控制，嵌入式的远程电气控

制自动化系统将成为未来的发展趋势。

潜入式系统是将计算机技术、控制技术以及通信技术结合起来的一种技术，功能强大，其系统包括了微型操作系统、微电子芯片、设备驱动等，系统软件与硬件之间具有良好的协同性，人们可以根据实际需要，剪裁硬件与软件系统，此系统不但降低了成本，而且可以达到系统对体积、功耗的相关要求。嵌入式系统和传统的系统不同，其采用的是新型的技术，不但体积小、耗能低，更重要的是具有良好的性能，满足人们的需求，嵌入式系统不但在大型工厂机电设备管理中得到使用，在其他领域也得以使用。嵌入式远程电气控制自动化系统从诞生发展到今天，已经走过了 30 多年的发展历程，最初开始该系统只是单片机，发展到 80 年代时，采用了 CPU，系统操作简单单一，进入 90 年代后，嵌入式系统才正式投入使用，发展到今天，嵌入式系统以将计算机等多种技术相互结合，系统功能更强大，尤其是 Internet 技术的融入，标志着嵌入系统技术迈入了远程控制时代，越来越多的服务器涌出，将其灵活使用在嵌入式系统中，获取信息更加快捷方便，在科技技术迅速发展的今天，嵌入式的远程电气控制自动化系统在价格上也达到了人们的要求，其将在更多的领域上被人们使用。

二、如何实现嵌入式的远程电气控制自动化系统

（一）实现的方式分析

嵌入式的远程电气控制自动化系统，能满足人们对机电设备进行远程控制，在工业中，主要是使用台网远程集控系统实现远程控制，该系统之所以可进行远程控制，主要原因是每一个节点都设置有数字智能设备，智能设备当中均安装有微处理器，微处理器具有校正、采样、线性化以及 A/D 转换等控制功能，每一个功能模块均进行合理的分类，模块的分配结核控制系统的结构特点、控制策略与功能模块库的特点做分配，分配好的模块需要连接，连接的实现采用到的是组态软件，组态软件将其连接之后，便可执行常规控制，将原来在 DCS 站中所进行的控制工程，转移到现场进行分散控制，分散控制更加直观掌握到设备的情况，控制更具有时效性。远程电气自动化控制系统，设计人员在设计过程中，控制变量难度较大，需要对大量的逻辑量进行控制，辅机启动与停止工作，这一系列过程，有关设备都根据程序开展相关的动作，对设备进行控制、保护等。除此之外，辅助车间的控制也不可忽视，顺序控制对工程过程进行有效掌控，PLC 技术的使用，使顺序控制工作更独立化。但是，设计人员要注意 PLC 的选型工作，不同的 PLC 会给控制系统造成不同的影响，一般情况下，选择 PLC 时，多是结合县城的通信协议实际情况进行选择，或者是可以和网络开着那通信交换信息为优先选择，根据实际情况，选择适合的 PLC。嵌入式的电气自动化控制系

统在实际控制当中，逻辑量控制、模拟量控制，这两项工作紧密结合在一起，不可将其分开，设备与设备之间相互影响，设备投入与运行过程中，其他设备工作状态的影响对其均造成一定的影响，并且受到整个系统的控制，整个系统的运行状态对其均有控制的能力。

（二）层次结构合计分析

远程控制系统层次结构是整个系统中不可或缺的一部分，此部分设计是实现远程控制系统的关键。系统层次一共分为三层，即远程信息管理层、设备层以及网路层，每一层都具有其功能特点，远程信息管理层是整个系统的核心，对所有的机电设备进行一体化控制，数据集成、底层传输集成为远程信息管理层提供了管控平台，可将集成子系统采用动态模式的方式显示出来，功能健全。例如，对机电运输装备进行有效的管理，使机电设备管理、生产自动化这两项结合在一起。使用时，采用管控一体化对机电设备进行指挥，调度操作系统，机电设备接收到信号之后，按照下达的指令进行操作，安全性良好，并且在操作过程中，若是出现故障，可在第一时间里做响应。另外，可将与生产有关的各种信息集成起来，系统所收集到的数据信息，均来自管控服务器，掌握管控服务器信息的情况，具有联动性的特点。为了掌握所有机电设备的运行情况，在现场设置一个监控站、远程管理控制中心设置一个大屏幕，对所有的机电设备进行监控，掌握其运行工况，做出正确的指挥，确保机电设备的安全运行。设备层与网络层相对于远程信息管理层其系统层次结构较为简单，设备层和被控制的机电设备直接联系在一起，可将本地控制获取的信息显示出来，体现了对本地单元设备进行控制与维护，还能进行数据传输，数据传输经过远程信息管理层当中的中央调度室、局域网，两者协同进行数据的传输工作，本地控制、远程控制化为一体进行机电设备的管理工作。而网络成则是使用到了光纤技术，其功能是将各种协议的数据信息全部接入，为现场总线、太网提供一个有效的传输路径，将数据信息进行交换、传输。

（三）系统的开发分析

在进行嵌入式远程电气自动化系统的设计中，软件设计工作占着举足轻重的地位，嵌入式实时操作系统 μClinux 为核心控制系统，可对多项任务做合理的调度工作，并进行科学管理。实时多任务操作系统应用程序具有实时性，实时性主要表现在对任务进行中断处理。用户使用时，根据实际情况，采用 μClinux 的任务调度函数，调度函数开始工作时将最优先、最高的任务筛选出来，成功筛选之后，将任务与任务之间进行切换。人们对应用软件进行分类，分类的要求是根据任务划分及电气自动化远程集控系统的相关要求进行划分，将其划分为三大类，一是测控基本功能实现任务，二是保护功能任务，三是人机互换任务。每一项任务都具有其特点，测控基本功能实现任务是进行数据信息的预处理、测量以及输出等，该任务的可靠性良好，并且任务实时性价高，测量、优先等级都十分理想。而数据预处理的目的是根据实际需要，进行采样数据的筛选工作，遵守的是低通滤波原则。保护功能任务顾名思义就是对设备进行保护，保护任务具有报警的功能，可以在设备出现问题的第一时间接收到警报信息，安排人员进行处理。而人机交互功能是优先级最低的一项功能，显示器显示，键盘做出相应的反应。在嵌入式远程电气自动化控制系统中，实现系统任务，需要两个进程，而且类型不同，一个是网络服务程序，另外一个是本地数据采集程序，两个程序是相互的，本地数据采集程序负责的是外部信号的采集工作，采集到数据之后，数据处理模块对采集到的数据进行处理，处理的方式是数字滤波，完成之后进行数据的保存工作，保存模块进行数据的保存时，需要把公共缓冲区里储存的数据，根据格式要求进行保存，保存部位为 Flash。而键盘模块的功能是为用户提供在现场工作时进行设备的控制，并收集有效参数。而网络服务程序的组成为 CGI 程序与 Web server 程序所构成，嵌入式 Web server 程序，其为后台运行服务，确保后台设备顺利运行，当客户需要帮助发出求助信息时，网络服务程序负责接收客户的求助信息，第一时间反馈。若是用户采用 IE 浏览器，求助信号向本地系统发出时，本地系统此时就会自动启动 CGI 程序，转换请求信号，将其转变成为适合服务器的格式，经过处理之后，CGI 再做处理，转化成适合 Web 浏览器的格式，最终以 HTTP 的方式回馈给客户，顺利完成本地系统与客户端之间的相互操作。

四、嵌入式的远程电气控制自动化系统的未来发展趋势

嵌入式的远程电气控制系统与传统的系统相比，其具有体积小、功能大等特点，在民用、军用等各种领域被广泛使用，现在正慢慢走进人们的家庭、办公室当中。日常生活中，家用电器、工业中的数控装置、测量仪表、控制机、现场总线仪表以及商业当中使用到的条形码阅读器等，均涉及了嵌入式软件技术。近年来，随着我国科学技术的快速发展，对嵌入式的远程控制系统进行了深入研究，并取得了新的突破，嵌入式的远程控制系统随着互联网技术的发展，慢慢走向成熟，嵌入式的远程控制系统使用领域也在慢慢扩大。一直以来，人们要掌握到现场设备的信息，必须开通专门的通信路线才可掌握到现场设备的实施情况，现在，嵌入式的远程控制技术，只需要采用网络就可对现场设备进行有效的控制，不受距离的影响，只要有网络就可实现远程控制。嵌入式网路接入技术更方便，更快捷，将会成为未来发展的方向。在信息网络时代的今天，通信技术已经得到普遍，而未来通信技术的普及面将更加广泛，只需要网络就可实现远程控制，掌握现场的实际情况。

我国科学技术发展快速，但是，在对嵌入式实时系统的研究上，与发展国家相比依然存在一定的差距。嵌入式实时系统的研究难度大，开发过程中十分复杂，设计师在研究中，不但要考虑到初始要求、硬件与软件之间的权衡，还需要考虑到整个系统的成本、灵活性以及投入使用之后的速度等，都需要进行一一考虑，确保设计出来的系统能满足人们提出的要求，确保测控任务具有可靠性、安全性等，能顺利和太网连接，进行远程控制，结构简洁操作方便，便于维修，在软件设计上，要满足用户可根据需要进行删除、修改。要达到这一要求，还需要做深入的研究，力争在不远的将来，能打造出人们满意的嵌入式实时系统。

第五节　污水处理系统电气控制自动化

污染问题已经成为当今世界范围内各国发展所面临的重要问题，污染的治理工作已经迫在眉睫，如果不能对污染问题进行有效治理，就会严重影响到经济的可持续发展。近几年来我国十分重视污染治理，尤其是水污染治理工作。目前我国已经建立起了污水处理系统，利用专业化的系统实现污水的有效处理，降低水污染的危害性。污水处理系统的运行需要通过电气控制，所以想要提高系统运行的效率，就必须提高电气控制的自动化水平。

一、污水的处理流程

（一）预处理

污水处理工作比较复杂，因为污水的来源比较多，包括生活污水和工业生产污水。不同类型的污水，其内部的污染物也不同，对应的处理和净化的方法也就存在差异。因此在对污水进行治理之前，需要先对污水进行预处理。简单清除污水内部含有的一些大块漂浮物等容易分离的污染物，利用专业的设备，比如提升泵等，将污水运至沉淀池进行沉淀处理；清除污水内部的悬浮油、暂时硬度、SS 和 CODcr 等物质；然后经过简单的消毒处理，将其运送至下一处理单元进行深度处理。预处理主要针对的是一些比较容易沉淀和分离出来的污染物，在预处理结束之后，对于分离出来的污染物可以通过加压和脱水等操作进行简单处理，进行回收利用。

（二）深度处理

深度处理是污水处理过程中非常关键的一环，深度处理主要是对经过简单处理和过滤后的污水进行水质的改善，消除污水内部的有害物质和离子等，使处理后的水能够被循环利用。在深度处理过程中，经过预处理的水会流入原水池，然后经过多介质的过滤器，对其中的细小颗粒物和胶体等进行沉淀和清除以改善水质；然后通过加入消毒剂、还原剂和阻垢剂等，清除水中残留的其他污染物质，最后得到的水就是能够被用于循环利用的中水。在经过深度处理工艺之后，其产生物比较多，包括水中的污染物和各种药剂，工作人员可以对其进行后续的加工处理，中水在经过简单的勾兑和处理之后就可以被循环利用，提供给有低质水需求的用户使用。

二、污水处理系统的电气控制自动化

（一）电气控制自动化系统的要求

近年来我国对污水处理工作比较重视，随着我国科技水平的不断提高，尤其是信息技术和自动化技术的不断发展，我国的污水处理工作也向着自动化和智能化的方向发展，各种先进的污水处理设备和处理系统也得到了广泛应用，在提高了污水处理自动化水平的同时，也提高了污水处理工作的效率和质量。

电气控制自动化系统能够对污水处理系统进行自动化控制，是污水处理系统运行的重要控制系统。该系统在使用的过程中首先要能够适应恶劣的运行环境，因为其主要是对污水进行处理，而污水中含有的污染物和有害物质比较多，其酸碱度和离子含量都异常，很有可能会给系统运行带来不利影响；其次是要求电气控制系统必须能够灵敏捕捉污水处理的实时变化情况，要能够帮助工作人员了解污水处理工作的运行状态，了解污水的处理效果；电气控制自动化系统在运行的过程中还需要加强对污水处理信息数据的收集，记录污水处理的各项参数，比如水温、水位和 pH 值等。

（二）电气控制自动化系统的构成

污水处理系统是由多个硬件设备共同构成的系统，该系统在运行过程中，必须对其构成进行严谨的分析和控制，这是保证污水处理系统运行效率的基础。污水处理系统主要被分为监测系统和控制系统，监测系统的主要作用是利用控制器显示每个机位的工作情况，显示运行过程中的相关参数；控制系统的主要作用是对污水处理进行控制，通过上、中、下三级控制的方法，对污水处理系统的相关硬件设备和配套设施进行控制，使其能够高效稳定运行。污水处理系统的电气控制系统构成主要包括：

上位层，主要是指工控机的运作，在运行过程中，需要借助计算机高级语言对其进行控制，而其功能和动作的实现则需要借助各种硬件配套设备，比如阀门和电机等，在使用过程中，技术人员可以借助显示设备查看其运行的参数，了解运行状态，还能够及时发现系统运行的故障和隐患，做出示警，在最短的时间内制订维修计划，通知操作人员进行抢修操作，使系统能够在最短时间内恢复正常运行。

中位层，是整个污水处理系统的逻辑控制中心，对整个污水处理系统的运行起到重要作用，尤其是在信息数据的收集、存储和分析方面有着显著作用。中位层处于上位层与下位层之间，起到重要的枢纽和连接作用，能够对信息进行有效传递，接收上位层的信息数据并进行逻辑分析，然后将分析结果和控制指令传达至下位层的相关结构和硬件设备中，使下位层的设备能够做出反应、执行命令，从而完成整个控制过程。

下位层，主要是指污水处理系统的现场运行设备，主要由电机、阀门、仪表等构成，具有一定独立性。

我国对于水污染问题已经建立起了专门的污水处理系统，该系统在进行污水处理的过程中，通过预处理和深度处理，最大限度对污水进行分解和净化，能够有效降低水污染的危害性，对我国污水处理工作有着重要作用。污水处理系统在运行的过程中，电气控制的自动化水平会直接影响系统的运行效率和质量，所以要求相关技术人员必须明确电气控制自动化系统的要求，合理构建控制系统，保证系统设备的质量和性能，并对参数进行有效控制，使其在水污染治理的过程中发挥出最佳效果。

第七章　典型机电一体化系统之机器人技术

第一台机器人诞生至今经历了半个多世纪，目前全球工业机器人的装机量已超过百万台。近几年非制造业用机器人也发展迅速，并逐步向实用化发展。我国从 19 世纪 70 年代开始机器人的研究开发，此前，机器人的应用主要集中在汽车零部件生产应用中，另有一些在家电行业、烟草行业应用，以弧焊、涂胶、物流搬运等应用为主。随着物流、电子产品、铁路车辆、工程机械等行业不断提高其产品的质量和工作效率，工业机器人的使用量也逐步加大。

第一节　机器人概述

机器人技术是综合了计算机、控制理论、机构学、信息和传感技术、人工智能等多学科而形成的高新技术，是目前国际研究的热点之一，其应用情况是衡量一个国家工业自动化水平高低的重要标志。目前联合国标准化组织采纳美国机器人协会给机器人下的定义是"一种可编程和多功能的，用来搬运材料、零件、工具的操作机；或是为了执行不同的任务而具有可改变和可编程动作的专门系统"。

机器人（Robot）实际上是自动执行工作的机器装置，可接受人类指挥，也可以执行预先编排的程序，根据以人工智能技术制定的原则纲领行动。机器人是取代或者协助人类进行工作的。

机器人能力的评价标准包括智能、机能和物理能。其中智能指感觉和感知，包括记忆、运算、比较、鉴别、判断、决策、学习和逻辑推理等；机能指变通性、通用性或空间占有性等；物理能指力、速度、连续运行能力、可靠性、联用性、寿命等。因此，可以说机器人是具有生物功能的空间三维坐标机器。

一、机器人的发展

机器人是从初级到高级逐步发展完善起来的，迄今为止的机器人发展过程可划分为四代。

1.第一代：工业机器人

它只能以"示教—再现"方式工作（即人手把着机械手，把应当完成的任务做一遍，或者人用"示教控制盒"发出指令，让机器人的机械手臂运动，一步步完成它应当完成的各个动作）。其控制方式比较简单，应用在线编程，即通过示教存储信息，工作时读出这些信息，向执行机构发出指令，执行机构按指令再现示教的操作。主要由夹持器、手臂、驱动器和控制器组成。目前商品化、实用化的机器人大多还属于第一代。

2.第二代：感觉机器人

它的主要标志是自身配备有相应的感觉传感器，并采用计算机对之进行控制，也称"自适应机器人"。它开始进入实用时期，主要从事焊接、装配、搬运等作业。

3.第三代：智能机器人

又称"管理控制型自律机器人"。它是人工智能的综合成果，它应具备以下三方面能力。

（1）感知环境的能力：这种机器人具有形形色色的感觉传感器：视觉、听觉、触觉、嗅觉。通过这些传感器，能识别周围环境。

（2）作用于周围环境的能力：使机器人的手、脚等各种肢体行动起来，以执行某种任务。第三代要求更完善、敏捷灵巧。

（3）思考的能力：在智能机器人中，相当发达的"大脑"是主要的，通过思考，把感知和行动联系起来，进行合乎目的的动作。

4.第四代：仿人机器人

目前还没人能够回答清楚第四代机器人究竟是什么样的，谁也不能完全说出它的形象。现在机器人技术正以惊人的速度向前发展，人们会根据这种形式提出明确的认识。第四代机器人应具有以下特点。

（1）能表现自身需求和意愿。

（2）让机器人有一定的意志或感情。

（3）机器人能成为人类的"朋友"。

总之，机器人的发展正在由重复进行简单动作向高级动作方面发展。例如能够通过判断周围情况决定自己应该如何进行动作，以及通过简单学习来修正自己动作。

二、机器人的作用

随着机器人技术的不断发展，目前多种场合都可以见到机器人的应用。其作用主要为以下几方面。

（1）节省劳动力：这是机器人的最主要功能。

（2）进行极限作业：在工厂的喷漆和铸造等的恶劣环境中；在精炼车间、冷藏室、核电站、宇宙空间、海底等人类难以进入的场合；在农药喷洒、不停电电力检修及大厦墙面的清洗和检查等。

（3）用于医疗、福利：机器人协助手术，辅助步行，饮食等的搬送工作，安全运行的智能轮椅，盲人引导，假肢等。

（4）与人协调作业：在重物场合，用机器人支承质量，由人工进行仔细定位。协助老年人和残疾人进行体力劳动及手的准确动作等。

（5）制作宠物：向着亮光移动的机器人，像小狗一样动作的宠物机器人等。

（6）其他方面：用于教育、研究以及办公和家庭服务等。

三、机器人的发展趋势

目前国际机器人界加大科研力度，着重进行机器人共性技术的研究，并朝着智能化和多样化方向发展，其现状及发展趋势主要体现在以下几个方面。

1. 机器人控制技术

现已实现了机器人的全数字化控制，控制能力可达21轴的协调运动控制；目前重点研究开放式、模块化控制系统，人机界面更加友好，具有良好的语言及图形编辑界面。同时机器人控制器的标准化和网络化以及基于PC机网络式控制器已成为研究热点。编程技术除进一步提高在线编程的可操作性之外，离线编程的实用化将成为重点研究内容。

2. 机器人操作机构的优化设计技术

现已开发出多种类型机器人机构，运动自由度从3自由度到7或8自由度不等，其结构有串联、并联及垂直关节和平面关节多种。目前研究重点是机器人新的结构、功能及可实现性，其目的是使机器功能更强、柔性更大、满足不同目的的需求。另外研究机器人一些新的设计方法，探索新的高强度轻质材料，进一步提高负载/自重比。同时机器人机构向着模块化、可重构方向发展。

3. 多传感系统

为进一步提高机器人智能和适应性，多种传感器的使用是其解决问题的关键。其研究热点在于有效可行的多传感器融合算法以及传感系统的实用化。

4. 数字伺服驱动技术

机器人已实现全数字交流伺服驱动控制与绝对位置反馈。目前正研究利用计算机技术，探索高效的控制驱动算法，提高系统响应速度和控制精度；同时利用现场总线（FIELDBUS）技术，实现分布式控制。

5. 机器人应用技术

机器人应用技术主要包括机器人工作环境的优化设计和智能作业。优化设计主要利用各种先进的计算机手段，实现设计的动态分析和仿真，提高设计效率和优化。智能作业则是利用传感器技术和控制方法，实现机器人作业的高度柔性和对环境的适应性，同时降低操作人员参与的复杂性。目前，机器人的作业主要靠人的参与实现示教，缺乏自我学习和自我完善的能力。这方面的研究工作刚刚开始。

6. 机器人网络化技术

网络化使机器人由独立系统向群体系统发展，使远距离操作监控、维护及遥控脑型工厂成为可能，这是机器人技术发展的一个里程碑。目前，机器人仅仅实现了简单的网络通信和控制，网络化机器人是目前机器人研究中的热点之一。

7. 机器人微型化和智能化

机器人结构越来越灵巧，控制系统越来越小，其智能也越来越高，并朝着一体化方向发展。微小型机器人技术的研究主要集中在控制系统结构、运动方式、控制方法、传感技术、通信技术以及行走技术等方面。

8. 软机器人技术

传统机器人设计未考虑与人紧密共处，其结构材料多为金属或硬性材料，软机器人技术要求其结构、控制方式与所用传感系统在机器人意外与人碰撞时是安全的，机器人对人是友好的，主要用于医疗、护理、休闲和娱乐场合。

9. 仿人和仿生技术

这是机器人技术发展的最高境界，目前仅在某些方面进行一些基础研究。

第二节　机器人传感器

随着机器人应用范围的扩大，要求它对变化的环境要具有更强的适应能力，能进行更精确的定位和控制，根据感知的信息改进计算机控制，利用感知信息机器人则可做到随机安置物体的位置、允许改变物体的形状、防止发生意外事故、在错误条件下有智能功能以及控制生产质量。传感器是机器人感知、获取信息的必备工具，能够改善机器人工作状况，使其能够更充分地完成复杂工作，因而对机器人传感器有更大的需求和更高的要求。本节对机器人传感器作一简要说明。

一、机器人传感器的分类

目前，一般将机器人传感器分为外部传感器和内部传感器。另外，根据传感器感觉类型可将其分为视觉、听觉、触觉、嗅觉、味觉传感器等。

1. 机器人用内部传感器

机器人自身状态信息的获取通过其内部传感器获取，并为机器人控制反馈信息。

所谓内部传感器就是实现测量机器人自身状态功能的元件，具体检测的对象有关节的线位移、角位移等几何量，速度、角速度、加速度等运动量，还有倾斜角、方位角、振动等物理量，对各种传感器要求精度高、响应速度快、测量范围宽。内部传感器中，位置传感器和速度传感器尤为重要，是当今机器人反馈控制中不可缺少的元件。

（1）规定位置、规定角度的检测。检测预先规定的位置或角度，可以用 ON/OFF 两个状态值，这种方法用于检测机器人的起始原点（零位）、极限位置或确定位置。零位的检测精度直接影响工业机器人的重复定位精度和轨迹精度，极限位置的检测则起保护机器人和安全动作的作用。该类传感器常用的有以下几种。

①接触式微型开关。规定的位移或力作用到微型开关的可动部分（称为执行器）时，开关的电气触点断开或接通。限位开关通常装在盒里，以防外力的作用和水、油、尘埃的侵蚀。

②非接触式光电开关。光电开关是由 LED 光源和光敏二极管或光敏晶体管等光敏元件组成，相隔一定距离而构成的透光式开关。当光由基准位置的遮光片通过光源和光敏元件的缝隙时，光射不到光敏元件上，而起到开关的作用。

通常在机器人的每个关节上各安装一种接触式或非接触式传感器及与其对应的死挡块。在接近极限位置时，传感器先产生限位停止信号，如果限位停止信号发出之后还未停止，由死挡块强制停止。当无法确定机器人某关节的零位时，可采用位移传感器的输出信号确定。

（2）位置、角度测量。测量机器人关节线位移和角位移的传感器是机器人位置反馈控制中必不可少的元件。该类传感器常用的有以下几种。

①电位器。电位器可作为直线位移和角位移检测元件。电位器式传感器结构简单、性能稳定、使用方便，但分辨率不高，且当电刷和电阻之间接触面磨损或有尘埃附着时会产生噪声。

②旋转变压器。旋转变压器由铁芯、两个定子线圈和两个转子线圈组成，是测量旋转角度的传感器。

③编码器。编码器输出表示位移增量的编码器脉冲信号，并带有符号。根据检测原理，编码器可分为光学式、磁式、感应式和电容式。根据其刻度方法及信号输出形式，分为增量式编码器和绝对式编码器。作为机器人位移传感器，光电编码器应用最为广泛。磁编码器在强磁性材料表面上记录等间隔的磁化刻度标尺，标尺旁边相对放置磁阻效应元件或霍尔元件，即能检测出磁通的变化。与光电编码器相比，磁编码器的刻度间隔大，但它具有耐油污、抗冲击等特点。未来磁编码器和高分辨率的光电编码器将更多地用作机器人的内传感器。

这类传感器一般都安装在机器人各关节上，选用时应考虑到安装传感器结构的可行性以及传感器本身的精度、分辨率及灵敏度等。

（3）速度、角速度测量。速度、角速度测量是驱动器反馈控制中必不可少的环节，实现机器人各关节的速度闭环控制最通用的速度、角速度传感器是测速发电机、比率发电机。有时也利用测位移传感器测量速度及检测单位采样时间位移量，然后用 F/V（频率电压）转换器变成模拟电压，但这种方法有其局限性，在低速时，存在着不稳定的危险；而高速时，只能获得较低的测量精度。

一般在用直流、交流伺服电动机作为机器人驱动元件时，采用测速发电机作为速度检测器，它与电动机同轴，电动机转速不同时，输出的电压值也不同，将其电压值输入到速度控制闭环反馈回路中，以提高电动机的动态性能。

（4）加速度测量。随着机器人的高速比、高精度化，为了解决由机械运动部分刚性不足所引起的振动，在机器人的运动手臂等位置需安装加速度传感器，测量振动加速度，并把它反馈到驱动器上。加速度传感器分为以下几种。

①应变片加速度传感器。应变片加速度传感器是由一个板簧支承重锤所构成的振动系统。在板簧两面分别贴两个应变片，应变片受振动产生应变，其电阻值的变化通过电桥电路的输出电压被检测出来。

②伺服加速度传感器。伺服加速度传感器中振动系统重锤位移变换成成正比的电流，把电流反馈到恒定磁场中的线圈，使重锤返回到原来的零位移状态。

③压电感应加速度传感器。压电感应加速度传感器是利用具有压电效应的物质，将加速度转换为电压。

（5）其他内部传感器。除以上介绍的常用内部传感器外，还有一些根据机器人不同要求而安装的不同功能的内部传感器，如用于倾斜角测量的液体式倾斜角传感器、电解液式倾斜角传感器、垂直振子式倾斜角传感器，用于方位角测量的陀螺仪和地磁传感器。

2. 机器人用外部传感器

机器人对操作对象与外部环境的认识通过外部传感器得到。外部传感器是机器人为了检测作业对象及环境或机器人与它们的关系，在机器人上安装的触觉传感器、视觉传感器、力觉传感器、接近觉传感器、超声波传感器和听觉传感器等，它们大大改善了机器人工作状况，使其能够更充分地完成复杂的工作。

外部传感器按功能分类有以下几种。

（1）触觉传感器。触觉是接触、冲击、压迫等机械刺激感觉的综合，触觉可以用来进行机器人抓取，利用触觉可进一步感知物体的形状、软硬等物理性质。对机器人触觉的研究，只能集中于扩展机器人能力所必需的触觉功能，一般把检测感知和外部直接接触而产生的接触觉、压力、触觉及接近觉的传感器称为机器人触觉传感器。

①接触觉。接触觉是通过与对象物体彼此接触而产生的，所以最好使用手指表面高密度分布触觉传感器阵列，它柔软易于变形，可增大接触面积，并且有一定的强度，便于抓握。接触觉传感器可检测机器人是否接触目标或环境，用于寻找物体或感知碰撞。

接触觉传感器根据检测原理，可以分为：a. 机械式传感器：利用触点的接触断开获取信息，通常采用微动开关来识别物体的二维轮廓。b. 弹性式传感器：这类传感器都由弹性元件、导电触点和绝缘体构成。如采用导电性石墨化碳纤维、氨基甲酸乙酯泡沫、印制电路板和金属触点构成的传感器，碳纤维被压后与金属触点接触，开关导通。也可由弹性海绵、导电橡胶和金属触点构成，导电橡胶受压后，海绵变形，导电橡胶和金属触点接触，开关导通。也可由金属和铰青铜构成，被绝缘体覆盖的青铜箔片被压后与金属接触，触点闭合。c. 光纤传感器：这种传感器包括由一束光纤构成的光缆和一个可变形的反射表面。光通过光纤束投射到可变形的反射材料上，反射光按相反方向通过光纤束返回。如果反射表面是平的，则通过每条光纤所返回的光的强度是相同的。如果反射表面因与物体接触受力而变形，则反射的光强度不同。用高速光扫描技术进行处理，即可得到反射表面的受力情况。

②接近觉。接近觉是一种粗略的距离感觉，接近觉传感器的主要作用是在接触对象之前获得必要的信息，用来探测在一定距离范围内是否有物体接近、物体的接近距离和对象的表面形状及倾斜等状态，一般用"1"和"0"两种状态表示。在机器人中，主要用于对物体的抓取和躲避。接近觉一般用非接触式测量元件，如霍尔效应传感器、电磁式接近开关和光学接近传感器。

③滑觉。机器人在抓取不知属性的物体时，其自身应能确定最佳握紧力的给定值。当握紧力不够时，要检测被握紧物体的滑动，利用该检测信号，在不损害物体的前提下，考虑最可靠的夹持方法，实现此功能的传感器称为滑觉传感器。滑觉传感器有滚动式和球式，还有一种通过振动检测滑觉的传感器。物体在传感器表面上滑动时，和滚轮或环相接触，把滑动变成转动。磁力式滑觉传感器中，滑动物体引起滚轮滚动，用磁铁和静止的磁头，或用光传感器进行检测，这种传感器只能检测到一个方向的滑动。球式传感器用球代替滚轮，可以检测各个方向的滑动，振动式滑觉传感器表面伸出的触针能和物体接触，物体滚动时，触针与物体接触而产生振动，这个振动由压点传感器或磁场线圈结构的微小位移计检测。

（2）力觉传感器。力觉是指对机器人的指、肢和关节等运动中所受力的感知，主要包括腕力觉、关节力觉和支座力觉等，根据被测对象的负载，可以把力传感器分为测力传感器（单轴力传感器）、力矩表（单轴力矩传感器）、手指传感器（检测机器人手指作用力的超小型单轴力传感器）和六轴力觉传感器。

力觉传感器根据力的检测方式不同，可以分为：a. 检测应变或应力的应变片式。b. 利用压电效应的压电元件式。c. 用位移计测量负载产生位移的差动变压器、电容位移计式，其中应变片式被机器人广泛采用。在选用力传感器时，首先要特别注意额定值，其次在机器人通常的力控制中，力的精度意义不大，重要的是分辨率。另外，在机器人上实际安装使用力觉传感器时，一定要事先检查操作区域，清除障碍物。这对实验者的人身安全、对保证机器人及外围设备不受损害有重要意义。

（3）距离传感器。距离传感器可用于机器人导航和回避障碍物，也可用于机器人空间内的物体进行定位及确定其一般形状特征。目前最常用的测距法有两种。

①超声波测距法。超声波是频率 20 kHz 以上的机械振动波，利用发射脉冲和接收脉冲的时间间隔推算出距离。超声波测距法的缺点是波束较宽，其分辨力受到严重的限制，因此，主要用于导航和回避障碍物。

②激光测距法。激光测距法也可以利用回波法，或者利用激光测距仪。将氦氖激光器固定在基线上，在基线的一端由反射镜将激光点射向被测物体，反射镜固定在电动机轴上，电动机连续旋转，使激光点稳定地对被测目标扫描。由 CCD（电荷耦合器件）摄像机接受反射光，采用图像处理的方法检测出激光点图像，并根据位置坐标及摄像机光学特点计算出激光反射角。利用三角测距原理即可算出反射点的位置。

（4）其他外部传感器。除以上介绍的机器人外部传感器外，还可根据机器人特殊用途安装听觉传感器，味觉传感器及电磁波传感器，而这些机器人主要用于科学研究、海洋资源探测或食品分析、救火等特殊用途。

系统中使用的传感器种类和数量越来越多，每种传感器都有一定的使用条件和感知范围，并且又能给出环境或对象的部分或整个侧面的信息，为了有效利用这些传感器信息，需要采用某种形式对传感器信息进行综合、融合处理，不同类型信息的多种形式的处理系统就是传感器融合。传感器的融合技术涉及神经网络、知识工程、模糊理论等信息、检测、控制领域的新理论和新方法。目前，要使多传感器信息融合体系化尚有困难，而且缺乏理论依据，多传感器信息融合的理想目标应是人类的感觉、识别、控制体系，相信随着机器人智能水平的提高，多传感器信息融合理论和技术将会逐步完善和系统化。

二、外部信息传感器在电弧焊工业机器人中的应用

机械手是工业机器人中应用最广泛的一种，不仅常用于自动化流水线，在航天、军事等领域也发挥着重要作用。下面通过一个电弧焊工业机械手，对外部信息传感器在工业机器人中的具体使用做以详细说明。

图 7-1 是工业机器人用外部传感器在电弧焊工业机械手中的应用。在垂直于坡口

槽面的上方安装一窄缝光发射器，在斜上方用视觉传感器摄取坡口的 V 字形图像，该 V 字形图像的下端就是坡口的对接部位，求出其位置就可控制机器人焊枪沿着坡口对接部位移动，进行焊接。这种方法最重要的两点是：不易被污染、可靠性好的视觉传感器与消除噪声图像的快速获取。

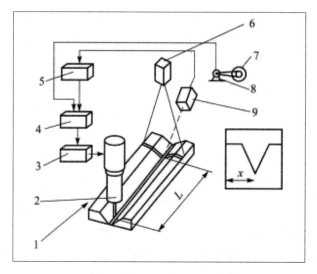

图 7-1　外部传感器在电弧焊工业机械手中的应用

1—焊接方向；2—焊枪；3—伺服机构；4—图像处理器；5—前处理器；6—激光束发射器；

7—驱动轮；8—回转编码器；9—视觉传感器

图 7-2 是采用磁性接近觉传感器跟踪坡口槽的方法。在坡口槽上方用 4 个接近觉传感器获取坡口槽位置信息，通过计算机处理后实时控制机器人焊枪跟踪坡口槽进行焊接。

触觉传感器无论装设在机器人本体（腕、手爪）或是安装在机器人的操作台上，都必须通过硬件和软件与机器人有效结合，形成协调的工作系统。利用触觉传感器的例子最多的是通过触觉确认对象物的位置，从而修正手爪的位置以便能准确地抓住对象物。操作器在抓取对象物时，重要的是手爪同对象物的位置关系。

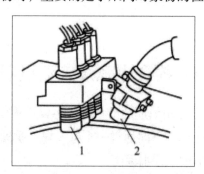

图 7-2　采用磁性接近觉传感器跟踪坡口槽的方法

1—磁性传感器；2—焊枪

如图 7-3 所示，对象物同手爪的左侧接触时，应该进行手爪的修正动作。即当构成触觉的各传感器的输出满足下式($L_1 \cup L_2 \cap \overline{R_1 \cup R_2} = 1$时，向图 7-3(a) 的箭头 R1 方向移动单位量，使之被校正到图 7-3(b)。当手爪如图 7-4 所示抓取对象物时，应该校正手爪的姿态，在图 7-4(a)场合，式 $L_{2U} \cap \overline{L_{2D}} \cap \overline{R_{2U}} \cap R_{2D} = 1$ 成立时，按照图 7-4(a) 的箭头 R2 方向校正姿态，使对象物和手爪如图 7-4(b) 所示保持平行关系。由这种状态转到抓握动作，手爪就能准确地抓住对象物。

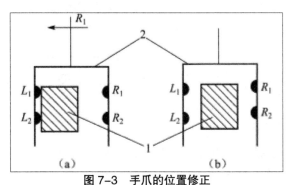

图 7-3　手爪的位置修正

1—对象物；2—手爪

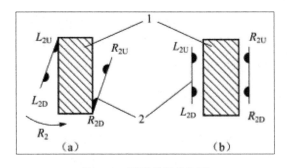

图 7-4　手爪的姿势校正

1—对象物；2—手爪

第三节　机器人的驱动与控制

机器人的正常动作需要控制系统与驱动机构的协调。其控制方法有位置控制、轨迹控制、力控制、力矩控制、柔顺控制、自适应控制、模糊控制等智能控制，其中有些方法已比较熟悉。随着机器人的发展，控制方法和手段日益先进，但成本较高，并有待进一步开发与完善。机器人常用的驱动方式主要有液压驱动、气压驱动和电气驱动三种基本类型。随着机器人作用日益复杂化，以及对作业高速度的要求，电气驱动机器人所占比例越来越大。但在需要作用力很大的应用场合，或运动精度不高等场合，液压、气压驱动仍广泛应用。本节主要介绍机器人驱动与控制系统。

一、机器人控制系统

控制系统是机器人的重要组成部分，它是机器人动作的控制核心，从仿生学角度，它的作用和人的大脑相似，对机器人的各部分进行协调控制。

1. 机器人控制系统的构成

机器人控制系统是一种分级结构系统，它包括以下三级。

（1）作业控制器。根据示教操作，记忆每步动作的顺序、程序步进条件、动作的位置、速度和轨迹等，发出相应的作业指示。同时，随着作业的进行，对生产系统中周边设备输送的外部信息进行处理。

（2）运动控制器。接受作业控制器发来的程序指令，对应所要求的连续运动轨迹，将程序的作业指令变换为各运动轴的动作指令，发送给下一级的驱动控制器，控制各轴的运动。

（3）驱动控制器。在驱动系统的回路中，每一个自由度的运动部件都设置有一个驱动控制器。现代工业机器人的伺服驱动控制器分为模拟伺服控制和数字伺服控制两种类型，此外还有一种非伺服型的开环控制（用步进电动机作驱动元件）。早期的机器人多是模拟控制，调整复杂、稳定性差。现今的机器人逐渐采用数字控制。误差小、精度高、抗干扰能力强。开环控制的精度差、功率小，但成本较低。

2. 机器人的计算机控制

机器人控制器的选择由机器人所执行的任务决定。中级技术水平以上的机器人大多采用计算机控制，要求控制器有效且灵活，能够处理工作任务和传感信息。下面介绍计算机控制特点。

（1）采用计算机便于编制程序，简化示教操作，可提高示教和编程的自动化程度。例如，示教时，对于一个圆轨迹的示教，只需示教交叉直径的四个端点，就可由计算机进行示教点间的轨迹运算，无须进行全轨迹示教。

（2）由于计算机的存储容量较大，运算速度快，因此可使机器人平滑地跟踪复杂的运动轨迹，提高机器人的作业灵活性和通用性。

（3）应用计算机的机器人具有故障诊断功能，可在屏幕上指示有故障的部分和提示排除它的方法。还可显示误操作及工作区内有无障碍物等工况，提高了机器人的可靠性和安全性。

（4）可实现机器人的群控，使多台机器人在同一时间进行相同作业，也可使多台机器人在同一时间各自独立进行不同的作业。

（5）在现代化的计算机集成制造系统（CIMS）中，机器人是必不可少的设备，但只有计算机控制的工业机器人才便于与 CIMS 联网，使其充分发挥柔性自动化设备的特性。

二、电动驱动系统

机器人电动伺服驱动系统是利用各种电动机产生的力矩和力，直接或间接驱动机器人本体，以获得机器人的各种运动的执行机构。

对工业机器人关节驱动的电动机，要求有最大功率质量比和扭矩惯量比、高启动转矩、低惯量和较宽广且平滑的调速范围。特别是像机器人末端执行器（手爪）应采用体积、质量尽可能小的电动机，尤其是要求快速响应时，伺服电动机必须具有较高的可靠性和稳定性，并且具有较大的短时过载能力。这是伺服电动机在工业机器人中应用的先决条件。

机器人对关节驱动电动机的要求如下。

（1）快速性。电动机从获得指令信号到完成指令所要求工作状态的时间应短。响应指令信号的时间越短，电伺服系统的灵敏性越高，快速响应性能越好。

（2）启动转矩惯量比大。在驱动负载的情况下，要求机器人的伺服电动机启动转矩大，转动惯量小。

（3）控制特性的连续性和直线性，随着控制信号的变化，电动机的转速能连续变化，有时还需转速与控制信号成正比或近似成正比。

（4）调速范围宽。能使用于 1 ∶ 1 000 ～ 10 000 的调速范围。

（5）体积小、质量小、轴向尺寸短。

（6）能经受起苛刻的运行条件，可进行十分频繁的正反向和加减速运行，并能在短时间内承受过载。

目前，由于高启动转矩、大转矩、低惯量的交、直流伺服电动机在工业机器人中得到广泛应用，一般负载 1 000 N 以下的工业机器人大多采用电伺服驱动系统。所采用的关节驱动电动机主要是 AC 伺服电动机、步进电动机和 DC 伺服电动机。其中，交流伺服电动机、直流伺服电动机、直接驱动电动机（DD）均采用位置闭环控制，一般应用于高精度、高速度的机器人驱动系统中。步进电动机驱动系统多适用于对精度、速度要求不高的小型简易机器人开环系统中。交流伺服电动机由于采用电子换向，无换向火花，在易燃易爆环境中得到了广泛的使用。机器人关节驱动电动机的功率范围一般为 0.1 ～ 10 kW。工业机器人驱动系统中所采用的电动机，可细分为以下几种。

（1）交流伺服电动机。包括同步型交流伺服电动机及反应式步进电动机等。

（2）直流伺服电动机。包括小惯量永磁直流伺服电动机、印制绕组直流伺服电动机、大惯量永磁直流伺服电动机、空心杯电枢直流伺服电动机。

（3）步进电动机。包括永磁感应步进电动机。

速度传感器多采用测速发电机和旋转变压器；位置传感器多用光电码盘和旋转变压器。近年来，国外机器人制造厂家已经在使用一种集光电码盘及旋转变压器功能为一体的混合式光电位置传感器，伺服电动机可与位置及速度检测器、制动器、减速机构组成伺服电动机驱动单元。

机器人驱动系统要求传动系统间隙小、刚度大、输出扭矩高以及减速比大，常用的减速机构有 RV 减速机构、谐波减速机械、摆线针轮减速机构、行星齿轮减速机械、无侧隙减速机构、蜗轮减速机构、滚珠丝杠机构、金属带 / 齿形减速机构等。

工业机器人电动机驱动原理如图 7-5 所示。

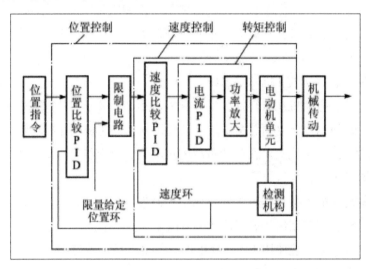

图 7-5　工业机器人电动机驱动原理

工业机器人电动伺服系统的一般结构为三个闭环控制，即电流环、速度环和位置环。

目前国外许多电动机生产厂家均开发出与交流伺服电动机相适配的驱动产品，用户根据自己所需功能侧重不同而选择不同的伺服控制方式。一般情况下，交流伺服驱动器可通过对其内部功能参数进行设定实现以下功能：位置控制方式、速度控制方式、转矩控制方式、位置、速度混合方式、位置、转矩混合方式、速度、转矩混合方式、转矩限制、位置偏差过大报警、速度 PID 参数设置、速度及加速度前馈参数设置、零漂补偿参数设置、加减速时间设置等。

1. 直流伺服电动机驱动器

直流伺服电动机驱动器多采用脉宽调制（PWM）伺服驱动器，通过改变脉冲宽度来改变加在电动机电枢两端的平均电压，从而改变电动机的转速。

PWM 伺服驱动器具有调速范围宽、低速特性好、响应快、效率高、过载能力强等特点，在工业机器人中常作为直流伺服电动机驱动器。

2. 同步式交流伺服电动机驱动器

同直流伺服电动机驱动系统相比，同步式交流伺服电动机驱动器具有转矩转动惯量比高、无电刷及换向火花等优点，在工业机器人中得到广泛应用。

同步式交流伺服电动机驱动器通常采用电流型脉宽调制（PWM）相逆变器和具有电流环为内环、速度环为外环的多闭环控制系统，以实现对三相永磁同步伺服电动机的电流控制。根据其工作原理、驱动电流波形和控制方式的不同，它又可分为两种伺服系统。

（1）矩形波电流驱动的永磁交流伺服系统。

（2）正弦波电流驱动的永磁交流伺服系统。

采用矩形波电流驱动的永磁交流伺服电动机称为无刷直流伺服电动机，采用正弦波电流驱动的永磁交流伺服电动机称为无刷交流伺服电动机。

3. 步进电动机驱动器

步进电动机是将电脉冲信号变换为相应的角位移或直线位移的元件，它的角位移和线位移量与脉冲数成正比。转速或线速度与脉冲频率成正比。在负载能力的范围内，这些关系不因电源电压、负载大小、环境条件的波动而变化，误差不长期积累，步进电动机驱动系统可以在较宽的范围内，通过改变脉冲频率来调速，实现快速启动、正反转制动。作为一种开环数字控制系统，在小型机器人中得到较广泛的应用。但由于其存在过载能力差、调速范围相对较小、低速运动有脉动、不平衡等缺点，一般只应用于小型或简易型机器人中。

步进电动机所用的驱动器，主要包括脉冲发生器、环形分配器和功率放大等几大部分，其原理框图如图 7-6 所示。

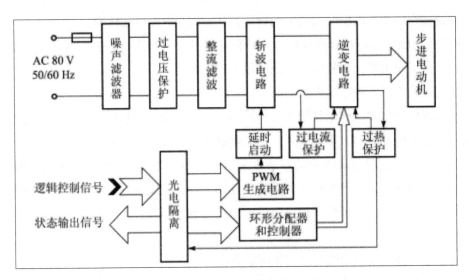

图 7-6　步进电动机驱动器原理框

4. 直接驱动

所谓直接驱动（DD）系统，就是电动机与其所驱动的负载直接耦合在一起，中间不存在任何减速机构。

与传统的电动机伺服驱动相比，DD 驱动减少了减速机构，从而减少了系统传动过程中减速机构所产生的间隙和松动，极大地提高了机器人的精度，同时也减少了由于减速机构的摩擦及传送转矩脉动所造成的机器人控制精度降低。而 DD 驱动由于具有上述优点，所以机械刚性好，可以高速高精度动作，且具有部件少、结构简单、容易维修、可靠性高等特点，在高精度、高速工业机器人应用中越来越引起人们的重视。

作为 DD 驱动技术的关键环节是 DD 电动机及其驱动器。它应具有以下特性。

（1）输出转矩大：为传统驱动方式中伺服电动机输出转矩的 50 ~ 100 倍。

（2）转矩脉动小：DD 电动机的转矩脉动可抑制在输出转矩的 5% ~ 10% 区间内。

（3）效率：与采用合理阻抗匹配的电动机（传统驱动方式下）相比，DD 电动机是在功率转换较差的使用条件下工作的。因此，负载越大，越倾向于选用较大的电动机。

目前，DD 电动机主要分为变磁阻型和变磁阻混合型，有以下两种结构型式。

（1）双定子结构变磁阻型 DD 电动机。

（2）中央定子型结构的变磁阻混合型 DD 电动机。

5. 特种驱动器

（1）压电驱动器。众所周知，利用压电元件的电或电致伸缩现象已制造出应变式加速度传感器和超声波传感器，压电驱动器利用电场能把几微米到几百微米的位移控制在高于微米级大的力，所以压电驱动器一般用于特殊用途的微型机器人系统中。

（2）超声波电动机。

（3）真空电动机，用于超洁净环境下工作的真空机器人，例如用于搬运半导体硅片的超真空机器人等。

机器人的驱动还有采用液压和气压方式进行的。一般而言，液压传动机器人有很大的抓取能力，抓取力可高达上千牛，液压力可达 7 MPa，液压传动平稳，动作灵敏，但对密封性要求高，不宜在高或低温的场合工作，需要配备一套液压系统。气压传动机器人结构简单，动作迅速，价格低廉，由于空气可压缩，所以工作速度稳定性差，气压一般为 0.7 MPa，抓取力小，只有几十牛。

第四节　机器人的典型应用

机器人及其技术是机电一体化产品的典型代表。机器人可以在危险、肮脏条件下工作，可以把人从繁重的体力劳动中解放出来，可以代替人去做单调重复的工作。本节主要以工业机械手和足球机器人为例介绍机器人的典型应用。

一、工业机械手

工业机械手也被称为自动手（auto hand），能模仿人手和臂的某些动作功能，用以按固定程序抓取、搬运物件或操作工具的自动操作装置。它可代替人的繁重劳动以实现生产的机械化和自动化，能在有害环境下操作以保护人身安全，因而广泛应用于机械制造、冶金、电子、轻工和原子能等部门。

机械手主要由手部和运动机构组成。手部是用来抓持工件（或工具）的部件，根据被抓持物件的形状、尺寸、质量、材料和作业要求而有多种结构形式，如夹持型、托持型和吸附型等。运动机构，使手部完成各种转动（摆动）、移动或复合运动来实现规定的动作，改变被抓持物件的位置和姿势。运动机构的升降、伸缩、旋转等独立运动方式，称为机械手的自由度。为了抓取空间中任意位置和方位的物体，需有 6 个自由度。自由度是机械手设计的关键参数。自由度越多，机械手的灵活性越大，通用性越广，其结构也越复杂。一般专用机械手有 2 ~ 3 个自由度。

机械手的种类：按驱动方式可分为液压式、气动式、电动式、机械式机械手；按适用范围可分为专用机械手和通用机械手两种；按运动轨迹控制方式可分为点位控制和连续轨迹控制机械手等。

二、足球机器人

足球机器人的研究涉及非常广泛的领域，包括机械电子学、机器人学、传感器信息融合、智能控制、通信、计算机视觉、计算机图形学、人工智能等，吸引了世界各国的广大科学研究人员和工程技术人员的积极参与。它不仅可以进行信息技术普及、高尚娱乐，而且是一个"高技术战场"，对多智能系统及其相关技术的研究与发展将起到很大的推动作用。

1. 足球机器人系统结构

足球机器人融小车机械、机器人学、单片机、数据融合、精密仪器、实时数字信号处理、图像处理与图像识别、知识工程与专家系统、决策、轨迹规划、自组织与自学习理论、多智能体协调以及无线通信等理论和技术于一体，是光机电一体化技术产品的典型实例之一，同时又是一个典型的智能机器人系统，为研究发展多智能体系统、多机器人之间的合作与对抗提供了生动的研究模型。

足球机器人系统在硬件设备方面包括机器人小车、摄像装置、计算机主机和无线发射装置；从功能上分，它包括机器人小车、视觉、决策和无线通信4个子系统。

首先，由视觉系统识别小车的位置和角度信息并进行处理；其次，根据视觉信息，由决策系统决定小车的运动规划，再次，由通信系统负责将控制信息传递给机器人小车；最后，由机器人小车依据控制信息进行比赛。足球机器人系统结构图如图7-7所示。

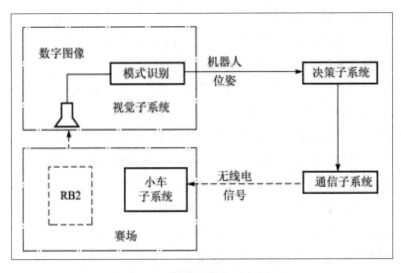

图7-7 足球机器人系统结构

（1）足球机器人小车。小车子系统在整个足球机器人系统中相当于执行机构，系统的战术意图最终通过小车实现，所以它的运动性能对整个系统起着举足轻重的作用。

足球机器人小车的结构一般包括动力驱动部分、通信接收部分、CPU 板及传感器部分。通常采用两个电动机驱动，大部分为轮式结构，也有的采用履带结构。

①驱动部分。机器人小车一般采用两个电动机分别驱动两个轮子，为了获得好的运动特性，有的采用 3 个轮子，称为全方位机器人，增加了灵活性，但同时也增加了控制难度，电动机选择要考虑力矩、转速和能量消耗等因素，并选择合适的电动机控制芯片，步进电动机控制简单，不用反馈回路，但直流更常见，经过减速器可得到较高的力矩。

② CPU 板。CPU 板是为了实现机器人的高智能以及高性能，但受到机器人尺寸的限制，选择一个在功能、尺寸、能量消耗等方面适合的 CPU 非常重要。

③传感器。机器人小车一般使用红外传感器，一个发射器对应一个接收器，以一定频率发射，接收时加以滤波，根据信号的强弱判断物体的位置，也可以采用光电传感器。根据机器人的智能程度不同，所需收集的信息不同，传感器的使用也有所不同，使用红外传感器的是障碍回避，而且为把障碍和球区分开，传感器应放在合适的高度，这都是为了实现机器人小车的基本功能。

（2）视觉系统。由摄像头、图像卡等硬件设备和图像处理软件组成。它是机器人的眼睛。由于双方各有自己不同颜色的队标（黄、蓝色之一），可以将颜色标签贴于机器人的顶部，颜色标签包括机器人颜色标识和队颜色标识。视觉系统要完成捕获图像和计算位置的功能。通过颜色分割辨识出全部机器人与球的坐标位置与朝向，也就是进行模式识别。

（3）决策系统。安装在主机中的决策子系统根据视觉系统给出的数据，应用专家系统技术，判断场上攻守态势，分配本方机器人攻守任务，决定各机器人的运动轨迹，然后形成各小车左右轮轮速的命令值。

（4）通信系统。足球机器人系统通常采用无线数字通信系统，主机的 RS-322 数据经过调制模块然后发射出去，机器人的通信部件接收并解调成 232 数据，一般采用商用的 R/F 模块。发射器有的使用 Motorola 的 MC2831 芯片、REM 的 HX2000 芯片以及 OhmT100 相对应接收器使用的 MC3356 及 RX2010 和 N100 芯片。无线通信子系统通过主机串行口拿到命令值，再由独立的发射装置与装在小车上的接收模块建立无线通

图 7-8 通信系统工作原理

传递的命令主要包括机器人标识、命令部分和数据部分。命令部分指明动作模式，数据部分指明机器人以多快速度走多远。根据机器人的智能程度，其命令格式的复杂度也不尽相同。由于足球机器人的空间有限，通常采用单向通信方式。为提高通信效

率，保证质量，要精心设计通信电路及通信协议。通信协议和控制结构也与机器人的智能程度有关。

2.机器人足球赛

足球机器人与机器人足球是近几年在国际上迅速开展起来的高技术对抗活动，国际上成立了相关的联合会 FIRA（Federation of International Robot-soccer Association），它采用集中式系统结构，即系统中只有一个决策机制，小车根据接收到的主机发出的数据控制其运动方向和速度，而视觉数据处理、策略决策以及机器人位置控制都在主机中完成。此外还有机器人世界杯足球比赛（RobotWorld Cup），它为分布式系统，各个机器人独立进行，负责自身的信息感知、决策和动作执行，每个机器人的行动通过机器人之间的交互确定，不受中央控制器的支持。1996 年、1997 年连续两年举行了微型机器人世界杯足球赛，已达到比较正规的程度且有相当的规模和水平。机器人足球赛场的全视图如图 7-9 所示。

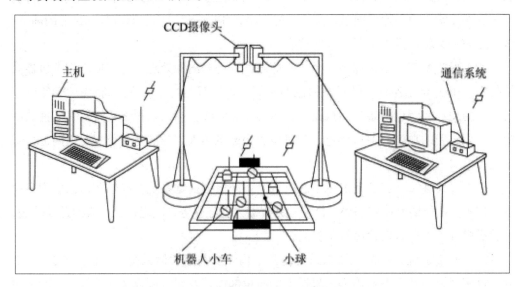

图 7-9　机器人足球赛场全视图

它由 3 个体积不超过 7.5 cm × 7.5 cm × 7.5 cm 的机器人小车组成一个球队，在 150 cm × 130 cm 球场上自由运动，目的是将足球（高尔夫球）撞入对方球门取胜。球场上空 2 m 处悬挂的摄像机将比赛情况传入计算机内，由预装的软件做出恰当的决策与对策，通过无线通信方式将指挥命令传给机器人。比赛时间分为上半场和下半场，各为 5 min，中间休息 10 min。机器人足球赛必须在裁判的严格控制下进行，比赛开始之前，双方通过掷铜币来决定进攻或防守，比赛过程中如果某一球队犯规，则根据情况分别罚点球、争球、球门球或自由球。

微型机器人足球赛的赛场长 1.5 m，宽 1.3 m，比乒乓球台略小，场地画有中线、中圈和门区。每队由 3 个边长不超过 7.5 cm 的立方形遥控机器人小车组成。它们的任务就是将橙色的高尔夫球（足球）撞入对方球门而力保本方不失球或少失球。比赛规则与一般足球相似，也有点球、任意球和门球等。只是因电池容量有限，每半场 5min，中间休息 10min。下半场结束时若为平局，则有 3 min 的延长期，也实行突然死亡法和点球大战。明显不同之处在于球场四周有围墙，所以没有界外球，而在相持 10 s 后判争球。

3. 足球机器人系统的工作模式

足球机器人系统根据决策部分所处的位置将工作模式分为以下两种：基于视觉的足球机器人系统；基于机器人的足球机器人系统。根据机器人的智能程度又可分为以下几种。

（1）基于视觉遥控无智能足球机器人系统。一般来说，每个机器人具有驱动智能体、通信模块和 CPU 板。它根据接收到的主机发来的数据控制其运动方向和速度。视觉数据处理、策略决策以及机器人的位置控制都在主计算机上完成，像遥控小汽车一样。

（2）基于视觉有智能足球机器人系统。在这样的系统中，机器人具有速度控制、位置控制、自动障碍回避等功能，逐级通过视觉数据进行对策决策处理，然后发出命令给机器人，机器人根据命令做出行动反应，为了能够自动回避障碍和实现位置控制，机器人自身装有传感器。

（3）基于机器人的足球机器人系统。该系统中，机器人具有许多自主行为，所有的计算（包括决策）都由机器人自身完成，主计算机仅处理视觉数据，并将有关的位置等信息（包括我方、对方及球）传送给机器人，实际上主机处理视觉数据的作用相当于一种传感器。

从目前参加微型机器人世界杯足球比赛的情况来看，第一种模式系统主机负担过重且视觉系统是瓶颈，由于尺寸限制第 3 种模式实现困难，所以大部分采用第二种模式，即基于视觉有智能足球机器人系统。

4. 足球机器人的控制系统

足球机器人比赛在高速对抗中进行，要求机器人运动准确、快速、灵活。足球机器人比赛系统是群体机器人协调作战系统，如同人类足球竞技比赛一样，每个机器人不仅充当整体角色中的一员，而且自身也应具备很强的单兵作战能力。机器人控制系统是保证机器人跑位、带球、传球、截球、阻挡、射门、战术配合等一系列技术动作得以完美实现的关键环节。控制系统要以最优的控制方式来完成比赛过程中的各种技术动作，所谓最优控制是指两个动作之间的平稳切换、动作组合、运动惯性的控制、电动机特性控制、路径规划以及快速准确的定点移动等。

（1）控制系统总体设计。足球机器人是一个惯性系统，具有一定的超调响应和滞后效应。在比赛过程中机器人始终处于动态，且要求速度快，运动稳定、准确等，但是对于惯性系统而言两者是矛盾的，速度越快，系统的惯性越严重，控制越困难。图7-10是足球机器人的控制系统图。

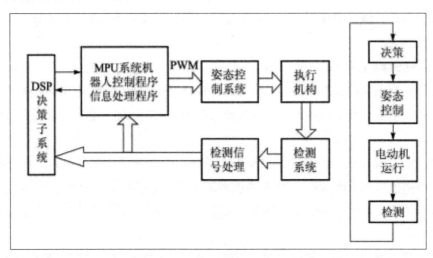

图 7-10　足球机器人的控制系统

主控单元采用 DSP 作为系统的处理器，接收场景信息并处理，进行整体战术决策分析。姿态控制部分由 MPU 和电动机驱动电路组成，电动机采取 PWM 调速，各种传感器信息同时反馈到 DSP 和 MPU 系统，实现对机器人运动精确控制。由图 7-11可见，控制系统是机器人运动的核心，机器人的每一个动作都需要经过决策、姿态控制、电动机运行、信号检测循环过程。其中决策和姿态控制联系非常紧密，两者相辅相成，机器人的许多动作如走直线、转弯、射门、带球、传球等，既可以在决策中完成，也可以在姿态控制部分完成，两者都需要占用较多的 CPU 运算时间。同时机器人比赛涉及多机器人的控制问题，再加上比赛环境的不可预测性、机器人彼此之间的交互性，这些都给机器人控制系统的设计带来了困难。

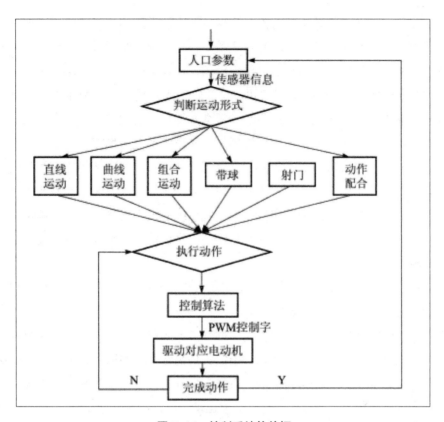

图 7-11　控制系统软件框

（2）控制系统硬件设计。控制系统硬件包括 DSP、MPU、直流伺服电动机的调速电路和传感器信号处理电路。MPU 系统接收决策指令和各种传感器信号，采用 PID 控制算法，对机器人运动姿态精确控制。

（3）控制系统软件设计。图 7-11 为控制系统的软件框图。控制系统软件设计包括传感器信息的处理、底层控制算法、机器人的基本动作（包括带球、射门等）、机器人的基本运动（包括直线、曲线等）、机器人的基本运动或动作的组合等。根据入口参数，加上辅助传感器信息，判断机器人的运动形式。PID 控制算法主要保证足球机器人运动的稳定性和动作完成的准确性。

5. 足球机器人的视觉系统

足球机器人的视觉系统由悬挂在场地中央上方 2 m 处的 CCD 摄像头、图像采集卡等硬件设备组成。视觉系统按照其所处的位置和作用，可分为两种模式：一种是分布式视觉系统，每个机器人小车都有自己独立的视觉机构，用于目标的捕捉和自身的定位；另一种是集控式视觉系统，所有的机器人小车共用一个视觉机构，给出所有机器人小车和目标的定位。相对于分布式视觉系统而言，集中式视觉系统的摄像头视场固定，只涉及二维平面视觉，因而较易实现。这里讨论集控式视觉系统。

（1）足球机器人视觉系统的特点。足球机器人视觉系统与工业机器人或其他的智能机器人视觉系统相比，有自己的独特之处。首先，视觉系统采用一个摄像头，为单目平面视觉系统，所获得的信息是二维空间的；摄像头固定（悬于场地中央上方两米处），因此视场固定，可认为景深已知；比赛时光线充足，辨识物体无影；机器人小车的颜色饱和度高，形状规则；这些都是视觉系统容易实现的一些因素。同时，视觉系统要给决策系统提供数据，来调度机器人，又由于场上情形多变，小车运动速度很高，因此，对系统的实时性要求较高；比赛时的现场环境与调试环境不尽相同并且有可能出现一些光色干扰，系统必须要具备快速初始化能力以适应比赛需要，这就要求视觉系统要有一定的鲁棒性和适应性，来实现系统的抗干扰能力和快速调试；视觉系统是整个系统的检测机构，必须要具有足够高的辨识精度，否则，会引起整个系统的振荡或失控。

（2）视觉系统实现的基本步骤。足球机器人视觉系统的实现基本上可以分为6步：感觉、预处理、分割、描述、识别和输出。

感觉是机器人获取图像的过程。这一过程基本上包括两个方面：一是图像从光信号到电信号的转变，由摄像头来完成。摄像头是视觉系统的输入设备，输入图像质量的好坏将直接影响图像处理识别结果。摄像头可分为视频摄像头和固态摄像头。视频摄像头以摄像管为核心，惰性大，对于高速运动物体，摄取图像模糊，并且体积较大，不适用于机器人足球比赛这种实时性要求较高的系统。固态摄像头具有体积小、质量轻、功耗低、抗震性强、稳定性高、灵敏度高、精确性高等一系列优点，比较适用于机器人足球系统。其中又以 CCD（Charge Coupled Device）摄像头最有代表性。CCD摄像头的输出信号采用电视标准。每幅图像为一帧，一帧由两场组成，每场240行，采用隔行扫描方式。输出信号有两种制式：NTSC 制和 PAL 制。二是模拟电信号转化为数字信号，由图像采集卡完成，摄像机的输出信号是彩色视频信号，采集卡首先对彩色视频信号进行解码，得到 RGB 三路模拟信号，然后对这三路信号分别进行 A/D转换，最后得到彩色的数字信号。图像采集卡是视觉系统的主要组成部分，它的 A/D变换和传输带宽以及传输控制模式，对整个视觉系统是至关重要的。

图像信息预处理是为了增强机器人辨识能力，对原图像的噪声、畸变进行处理的过程。一般有两种方法：一种是基于空域技术的方法；另一种是基于频域技术的方法。由于频域技术受到多方面处理条件（速度等）的限制，远不如空域技术应用的广泛，所以在机器人视觉系统中，为了满足实时性的要求，一般采用空域技术来处理。空域技术又包括点运算和邻域运算：在处理速度上，点运算占很大优势；而在处理精度上却远逊色于邻域运算；从获取信息的多样性上，点运算也远不如邻域运算。因此，在满足实时性要求的前提下，可采用邻域运算。机器人视觉系统中，常用的预处理技术主要有以下几种。

①图像增强。一般采用直方图均衡化技术，以一定的映射关系修改原始图像的像素灰度，产生一个比原直方图更为平坦的直方图，对图像有明显的增强效果。

②图像的去噪声处理，即图像的平滑。由于从实际场景经摄像头到图像采集卡，通道中存在着不必要的噪声，所以应进行图像平滑。一般采用邻域平均技术，用邻点灰度的平均值取代该点的灰度。另一种可用的平滑技术是模板技术。

③边缘增强处理，即图像的锐化。用于加强图像的边缘和细节，便于边缘检测。一般采用微分尖锐化处理技术，采用梯度法，使用每个像素位置的梯度值。

预处理主要解决图像的增强、平滑、锐化、滤波等问题，降低了噪声对识别结果的影响，保证了视觉识别的准确性，并对所摄取图像的容量和质量进行调整，提高了视觉识别的速度。

图像分割是指把图像分成各具特性区域的技术和过程。机器人足球系统中主要的特征是颜色信息，所以采用彩色图像分割。分割方法主要有区域增长法和阈值法两类，由于足球机器人视觉系统实时性的要求，采用阈值法。阈值选择具有多种方法，为了满足精度要求，可选择最小误差阈值选择。常用的分割技术有：对彩色图像的各个分量进行适当的组合，转化为灰度图像，然后用对灰度图像的分割算法进行分割；专门的彩色图像分割算法。在彩色图像的分割中，首先要选择合适的彩色空间模型，最常见的彩色空间 RGB 空间中，R、G、B 分量具有很高的相关性，颜色相近点分散分布，不适于机器人足球系统。可以采用具有明确物理意义的 HSI 模型，H 为色调，对应光的主波长；S 为饱和度，对应颜色中掺和白光的程度；I 为光强度，对应光的明亮程度。在 HSI 空间模型上，可采用不同的分割方法：基于模糊 C- 均值的彩色图像分割算法，Tasi 的聚类法等。

图像分割是由图像处理到图像分析的关键步骤，是描述和识别的基础，它的精确性和快速性决定了整个系统的精确性和快速性。

描述是为了进行识别而从物体中抽取特征的过程。足球机器人视觉系统中，我们需要描述小车的面积、位置、方向。小车的位置通常以小车的质心来表征。多采用几何法来确定：几何法基于物体的几何特性和一定的先验知识来确定物体重心，常用的有点边法和交叉线法。小车方向确定的最基本方法是按照小车的色标辨识。根据不同的色标设计，灵活确定。

识别的功能在于识别图像中已经分割的几个物体，并赋予其不同的标志。可以由三层结构的神经网络来实现，输入是二值分割图像中的子图像，输出是辨识对象在场地中的位置，这样可以有效地排除粘连问题；也可以在定量描述的基础上，采用统计模式识别方法。

视觉系统的最后一个步骤，就是向决策系统输出。输出的数据包括我方、对方的3辆小车和球的方位坐标 X、Y 和方位角。

（3）视觉系统的 3 种实现方式。视觉系统根据图像采集卡功能的不同，可分为 3 种不同的实现方式：软件法、硬件法和软硬综合法。

采用软件法时，摄像头将光信号转变为模拟电信号，送给图像采集卡；由图像采集卡实现 A/D 转换，最后由软件完成图像信息的处理。这种方式成本低、通用性强，但实时性不好。

采用硬件法时，对图像采集卡的要求较高，它完成图像的 A/D 转换及处理，向主机传送处理的结果，实时性好，但通用性不强。目前多采用 DSP 技术来实现，利用采集卡内嵌的专门 DSP 芯片来实现。采用软硬结合法时，采集卡的功能介于两者之间。将计算量大而且算法成熟的部分置于 DSP 中，而其余部分仍用软件实现。

足球机器人视觉系统研究融合了计算机视觉、机器人视觉、图像工程、神经网络、模式识别等多个学科的相关技术，它是整个机器人足球系统的眼睛，是系统获取外部信息的唯一通道。它不断采集场上图像，对图像进行处理、辨识，得到场上机器人小车和球的相关信息，然后将这些信息交给决策系统处理，完成图像的捕获和场上实体信息的辨识与计算。

参考文献

[1] 张春丽，李建利编．电机与电气控制技术 [M]. 北京：机械工业出版社，2022.10.

[2] 温晓妮，刘学燕，董垒．机电类专业教学理论与实践研究 [M]. 北京：中国商业出版社，2022.06.

[3] 崔兴艳主编．机床电气控制技术 [M]. 北京：机械工业出版社，2022.06.

[4] 侯玉叶，王赟，晋成龙著．机电一体化与智能应用研究 [M]. 吉林科学技术出版社有限责任公司，2022.04.

[5] 连潇，曹巨华，李素斌主编．机械制造与机电工程 [M]. 汕头：汕头大学出版社，2022.01.

[6] 聂伟荣，曹云，陈荷娟主编．机电与微机电系统设计 [M]. 南京：南京大学出版社，2021.12.

[7] 王文东作．机电一体化技术 [M]. 西安：西安电子科技大学出版社，2021.09.

[8] 朱永丽，陆玉姣，邬东洋作．机电一体化系统中检测与控制技术应用研究 [M]. 北京：中国原子能出版社，2021.09.

[9] 莫晓瑾，周兰作．机电一体化子系统安装与调试 [M]. 北京：机械工业出版社，2021.09.

[10] 卓民．机电一体化技术基础 [M]. 西安：西安电子科学技术大学出版社，2021.06.

[11] 李金亮，刘克桓编；张明文总主编．智能制造与 PLC 技术应用初级教程 [M]. 哈尔滨：哈尔滨工业大学出版社，2021.04.

[12] 王璐欢，冯建栋．智能制造与机电一体化技术应用初级教程 [M]. 哈尔滨：哈尔滨工业大学出版社，2021.01.

[13] 芮延年主编．机电一体化系统设计 第 2 版 [M]. 苏州：苏州大学出版社，2021.

[14] 刘智．浅论机电一体化技术 [J]. 经济技术协作信息，2023，（第 3 期）：265-267.

[15] 王锐．机电一体化技术的现状与发展 [J]. 现代工业经济和信息化，2023，（第 2 期）：49-50.

[16] 汪云. 电梯机电一体化技术研究 [J]. 模型世界，2022，（第 26 期）：10-12.

[17] 宋少林. 工程机械中的机电一体化技术 [J]. 科海故事博览，2022，（第 10 期）：1-3.

[18] 杨芳. 机电一体化技术分析与应用研究 [J]. 汽车博览，2022，（第 7 期）：40-42.

[19] 贾春梅. 机电一体化技术的应用 [J]. 百科论坛电子杂志，2020，（第 8 期）：1138.

[20] 陈继莹. 煤矿机电一体化技术应用探究 [J]. 内蒙古煤炭经济，2022，（第 2 期）：9-11.

[21] 王杰. 机电一体化技术及应用探讨 [J]. 中文科技期刊数据库（全文版）工程技术，2022，（第 8 期）：73-76.

[22] 邵宏. 基于机电一体化技术的发展与思考 [J]. 商品与质量，2021，（第 49 期）：41-42.

[23] 肖巧云. 分析机电一体化技术的应用及发展 [J]. 前卫，2021，（第 33 期）：145-147.

[24] 李春宇. 机电一体化技术的应用思考 [J]. 电脑采购，2021，（第 29 期）：37-39.

[25] 潘黎炳. 工程机械机电一体化技术的应用 [J]. 建筑工程技术与设计，2021，（第 28 期）：379-380.

[26] 冯二明. 机电一体化技术的应用与发展趋势 [J]. 建筑工程技术与设计，2021，（第 20 期）：2656.

[27] 马永康. 智能制造的机电一体化技术探究 [J]. 汽车博览，2021，（第 18 期）：27-28.

[28] 董磊. 机电一体化技术的应用与发展分析 [J]. 汽车博览，2020，（第 A2 期）：384.

[29] 张喆. 煤矿井下机电一体化技术的应用 [J]. 内蒙古煤炭经济，2021，（第 17 期）：120-121.

[30] 马江红. 浅谈机电一体化技术发展趋势 [J]. 建筑工程技术与设计，2021，（第 17 期）：1948.

[31] 赵美丽. 机电一体化技术的现状及发展趋势 [J]. 建筑工程技术与设计，2021，（第 16 期）：2511.

[32] 田博文. 机电一体化技术的应用与发展趋势 [J]. 百科论坛电子杂志，2021，（第 16 期）：2378.

[33] 李腾 . 机电一体化技术现状及发展趋势 [J]. 建筑工程技术与设计，2021，（第 16 期）：2509.

[34] 徐国峰 . 机电一体化技术及其应用 [J]. 爱情婚姻家庭（教育观察），2021，（第 8 期）：279.

[35] 张浩强 . 机电一体化技术应用发展趋势 [J]. 数码设计（下），2021，（第 6 期）：310.

[36] 刘百勇 . 探讨机电一体化技术发展 [J]. 数码设计（上），2021，（第 6 期）：356.

[37] 王光月 . 试析机电一体化技术的应用与发展 [J]. 数码设计（上），2021，（第 5 期）：62-63.

[38] 段宝岩 . 迈向机电耦合的机电一体化技术 [J]. 科技导报，2021，（第 5 期）：1-2.

[39] 陆定星 . 机电一体化技术的应用与发展 [J]. 互动软件，2021，（第 4 期）：1753.

[40] 刘振宇 . 机电一体化技术的现状及发展趋势 [J]. 电脑高手，2021，（第 2 期）：436.

[41] 潘奇，李卫涛 . 浅谈机电一体化技术的发展趋势 [J]. 汽车博览，2021，（第 1 期）：214.

[42] 韦丽 . 机电一体化技术的应用及发展趋势 [J]. 电脑高手，2021，（第 1 期）：861.

[43] 宋叶洲 . 关于机电一体化技术的发展与应用 [J]. 中文科技期刊数据库（全文版）工程技术，2021，（第 8 期）：300，302.

[44] 卢娇丽 . 探究机电一体化技术的应用与发展 [J]. 中文科技期刊数据库（引文版）工程技术，2021，（第 8 期）：60-61，68.

[45] 樊兆祺，刘祥 . 研究机电一体化技术的应用及管理 [J]. 中文科技期刊数据库（引文版）工程技术，2021，（第 2 期）：35.

[46] 崔乐 . 机电一体化技术及其应用 [J]. 商品与质量，2020，（第 38 期）：139.

[47] 刘任峰，郑森 . 机电一体化技术的应用与发展趋势 [J]. 中文科技期刊数据库（全文版）工程技术，2021，（第 1 期）：90-91.